헤어 커트
이론 및 실습

이수희 · 김정희

청구문화사

머 리 말

고객을 아름답게 표현하기 위한 여러 가지 헤어디자인 중 헤어 커트는 머리카락에 다양한 도구를 사용하여 헤어스타일을 만들기 위한 기초 작업입니다. 고객의 욕구를 충족시켜 주기 위해서 장점은 돋보이게 해주고 단점을 커버해주며 개성을 살려서 아름답게 표현해 주는 것이 목표로 고객의 얼굴형, 목선, 신장, 직업 등을 고려하여 가장 알맞은 헤어스타일을 창작해주어야 합니다.

본 교재는 헤어디자이너를 꿈꾸는 학생들을 위한 강의 교안이며, 15주 수업에 원랭스(솔리드, 스파니엘, 이사도라), 그레주에이션(수평, 전대각, 후대각), 유니폼레이어, 인크리스 레이어(고정디자인, 스퀘어, 이동디자인), 혼합형으로 구성한 대학 교육용 이론 및 실습 교재입니다.

무엇보다 완성도 높은 커트를 위해서 이론을 체계화 하였고, 실습하기 전 반드시 커트 도해도를 그려보도록 하여 계획단계에서 커트에 대한 구조그래픽을 구상하도록 하였습니다. 도해도를 통해 커트과정이 숙지되어 쉽고 빠르게 커트가 완성될 수 있도록 편찬하였습니다.

본 교재가 출간 될 수 있도록 협조해주신 청구문화사 이상태 대표님께 감사의 말씀을 전하며, 이 교재를 통해 많은 미용 꿈나무들이 최고의 헤어디자이너로 성장·발전 해 나갈 수 있기를 바랍니다.

2024. 2

저자일동

목 차

1장 헤어 커트 이론

1장 헤어 커트 이론

1. 헤어 커트의 이해

헤어 커트는 아름다운 헤어스타일을 만들기 위한 기초 작업이고, 헤어디자인에서는 형태의 구성이며, 상대적인 균형과 비율의 조합이다. 외국의 미용재교육기관에서는 헤어 커트를 머리조각(Hair sculpture)이라고 하며 창작 예술의 분야로 구분한다.

머리카락이라는 소재로 고객에게 어떠한 디자인을 선택해서 커트하느냐가 헤어디자이너는 성공의 핵심이 될 수 있다. 고객의 욕구를 충족시켜주기 위해서 장점을 돋보이게 해주고 단점을 커버해주며, 개성을 최대한 살려서 아름답게 표현해주는 것을 목표로 작업해야 하므로 고객의 얼굴형, 머릿결, 목선, 신장, 직업 들을 참고하여 가장 알맞은 헤어스타일을 선택해야 한다.

헤어 커트를 통하여 고객의 미적, 기능적 욕구를 충족 시켜주기 위해서는 커트의 기초 이론을 이해하고, 체계적이고 과학적인 학습이 전제 되어야만 자유자재로 헤어스타일을 다양하고 아름답게 변화 시킬 수 있다.

2. 헤어 커트의 역사

1) 1920년대

1차 세계대전이라는 시대적 배경 속에서 상하계층을 막론하고 많은 여성들이 남성을 대신해서 군수품 공장과 여러 분야에서 일을 하지 않으면 안 되는 시대였다. 긴 머리 헤어스타일에서 단순하고 손질하기 쉬운 숏 커팅을 하기 시작하는데 이것이 오늘날의 근대적인 헤어 커트의 시작이 되었다. 당시 마샬웨이브가 일반적으로 사용되어 짧은 머리에 웨이브 컬을 만들어 표현하였다.

2) 1930년대

여성스럽고 우아한 퍼머넌트 웨이브 스타일이 유행하면서 의상 또한 로맨틱한 단아함으로 변화되었다. 당시 여성들의 단발머리(BOB Style)의 유행은 긴머리로 숏 컷을 하기 어려운 여성들에게 상당한 인기를 누렸으며, 이 또한 여성의 사회적 진출로 인하여 활동하기 쉬운 헤어스타일을 원했고, 웨이브를 넣어 더 우아하면서도 심플한 아름다움을 표현하였다.

3) 1940년대

헤어스타일이 더욱 심플하고 간소해 지면서 여성들은 머리 보호용으로 사용되었던 모자를 다양한 패션의 아이콘으로 선호하였으며, 일하는 여성들은 간편하게 터번이나 천등을 이용하여 머리에 묶거나 올리는 형태로 많이 사용하였다

4) 1950년대

오드리 햅번의 '픽시 컷' 이라 하여 짧은 머리스타일로 귀를 뾰족하게 드러내는 스타일이 인기를 누렸으며, 마릴린 먼로의 느슨한 컬의 자연스러운 웨이브 연출과 어깨까지 내려온 머리의 끝을 안으로 말은 페이지보이 보브(Pageboy bob) 스타일이 유행하였다.

5) 1960년대

생활양식이 복잡해지고 여성들의 활동영역이 다양해짐에 따라 미니스커트와 함께 자연스럽고 간결한 머리형이 여성들 사이에서 받아들여졌다, 지금까지의 아이론과 세팅에 의한 단단한 웨이브 구성에서 서서히 자연스러운 블로우드라이의 새로운 기구를 이용한 자연스런 머릿결의 움직임이 있는 가벼운 웨이브 스타일등이 붐이 일었다,

독일의 건축학교인 바우하우스의 영행으로 기하학적인 커트가 유행하기 시작한다.

인기모델인 트위기의 숏 컷의 영향으로 짧은 헤어스타일도 유행 하였다.

이 헤어스타일은 vidal sassoon이 창작한 기하학적 헤어 커트로 단순하면서, 심플한 디자인으로 손쉬운 손질법으로 큰 호평을 받았으며 전 세계적으로 사랑을 받았다,

헤어 커트의 기본인 원랭스, 그레쥬에이션, 인크리스 레이어. 유니폼레이어 등을 창안하였다

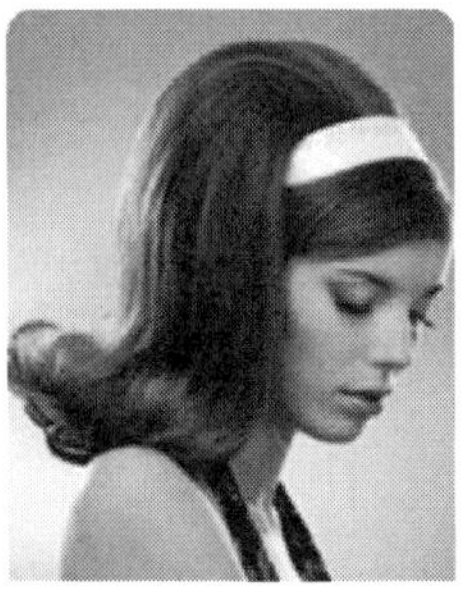

6) 1970 ~ 1980년대

60년대 이어 70년대로 꾸준한 기하학적인 커트는 큰 사랑을 받았으며, 가위의 움직임에 따라 변화를 이용하여 다양한 질감처리 기법들이 발전 하였으며, 커트 방법의 발전에 따라 컨케이브와 컨벡스의 다양한 디자인 커트들이 선보였다.

7) 1990년대

좀 더 창의적이고 다양한 고객의 니즈를 해결하기 위한 방법으로 유럽에서는 디스커넥션 커트가 등장하면서 디자인에 대한 독창성을 추구하였으며, 가로 파팅과 대각 파팅을 이용한 커트에서 세로 파팅을 이용한 커트 디자인의 다양화가 이루어져 개성과 독창성을 추구한 디자인의 다양화가 확대되었다.

8) 2000년대

유행의 패턴이 빠르게 변화되었으며, 유럽에서 시작한 디스커넥션 기법이 아시아에도 응용하면서 더욱 다양하고 개성 있는 디자인이 등장하면서 고객에게 맞는 살롱 스타일로 체계화되었으며 이를 이용한 다양한 스타일링으로 고객에게 1:1 맞춤 서비스를 제공하며 발전하고 확대되었다.

3. 헤어 디자인의 개념과 원리

1) 헤어 디자인의 개념

헤어 디자인이란 아름다움을 표현하는 창조적 구성요소로서 미적 표현뿐만 아니라 실용성을 가지고 기능적인 면과 개성 있는 얼굴을 표현하기 위한 방법으로 예술적 과학적 개념을 포함하고 있다.

헤어 커트 디자인은 모발을 소재로 선, 방향, 질감을 사용하여 조형을 창출하는 작업이다, 또한 헤어 커트 디자인은 퍼머넌트 웨이브, 헤어컬러링, 업스타일, 헤어바이나이트 등 전문적 시술에 가장 기본이 되며 바탕이 되는 작업으로 모든 시술의 기초가 되는 가장 전문적인 작업의 근원이 된다.

그러므로 헤어디자인은 고객의 미적인 기능뿐만이 아니라 기능적으로도 만족시켜 주어야 하는 응용예술로서 창조적 디자인을 위한 구성 요소로 헤어디자인의 3요소인 형태, 질감, 컬러의 특징을 이해해야 한다.

2) 헤어 디자인의 요소

(1) 형태 (Form)

형태의 기본 요소로는 점, 선, 면으로 이것이 모여 입체를 만들고 형태를 만든다. 헤어 디자인의 겉모양을 나타내며 윤곽선이나 실루엣에 의해 결정된다. 헤어디자인의 형태는 선(Line), 방향(Direction), 길이의 배열(Length arrangement)을 통해 만들어진 구조를 통해 나타나며, 모발 전체를 펼친 구조그래픽(Stricture graphic)으로 표현할 수 있으며 헤어커트 도해도(Hair cut Diagram)를 통해 파악할 수 있다.

(2) 질감 (Texture)

질감은 촉각과 시각으로 느껴지는 머릿결을 말하며, 직모(Straight hair), 곱슬모(Curly hair), 파상모(Wavy hair)등 원래 가지고 있는 모발의 형태에 따라 차이가 나며, 컷 테크닉(Cut Technique)과 형태(Form), 펌(Perm), 염색(Colouring) 으로 다양한 느낌을 연출할 수 있다. 이는 표면의 무게를 통해 나타내는 범주로 그 범위에 따라 두 가지로 구분한다.

매끈하고 모발 표면의 높낮이 차이가 없이 무겁게 커트한 머리 질감으로는 원랭스(One length)가 있으며 이를 언엑티비티드(Unactivated)라고 하며, 거친 질감과 커트된 표면이 높낮이가 차이가 많아서 가볍게 커트한 질감으로는 레이어(Layer) 가 있으며 이를 엑티비티드(Activated)라 한다.

언엑티비티드와 엑티비티드의 두 가지가 혼합된 질감을 혼합형(Combination)이라고 한다.

(3) 컬러 (Colour)

헤어커트에서의 컬러는 디자인 된 모발 표면에 색깔을 입혀 생동감과 방향감 나아가 착시현상의 아름다움을 더하고 개성을 표현하는 것을 말한다.

색상은 톤(Tone)에 따라 무거움(Heavy)과 가벼움(Light), 밝음(Bright)과 어두움(Dark) 등 다른 느낌을 내며 특정 부위를 강조하거나 단점을 커버하는 역할을 한다. 같은 컷 형태라도 색상의 배합(Mix)과 도포(Application)를 어떻게 하느냐와 어느 위치에 하느냐에 따라 다양한 이미지를 표현할 수 있으며, 다양한 디자인을 연출 할 수 있다,

3) 헤어디자인의 원리

(1) 조화 (Harmony)

두 가지 이상의 서로 다른 요소가 상호 관계에 대한 내적 가치 판단으로 서로 각각 분리되거나 배척되지 않고 통일된 하나로 감각적 효과를 발휘할 때 일어나는 현상으로 부분과 부분 또는 부분과 전체 사이에 안정된 관련성을 주면서도 안정된 관련성을 주면서 공감을 일으킬 때 조화로운 이미지를 만들 수 있다. 헤어디자인에서 조화는 모양이나 질감, 움직임 등 서로가 공통적인 요소로 이뤄진 유사조화와 형태, 색, 질감 등에 변화를 일으켜 대조나 대비를 이루는 대비조화로 구분한다.

(2) 통일 (Unity)

여러 가지 요소와 조건들을 선택하고 정리하여 하나의 완전한 완성체로 조합하는 것을 통일이라고 한다. 헤어스타일에 있어 통일감은 주제에 의한 통일과 선의 방향에 따른 통일, 색상 명도 채도 등에 의한 통일로 구분할 수 있다. 통일의 원리가 강조되면 단정해 보이기는 하지만 타인의 시선을 끄는 효과는 줄어든다.

(3) 균형 (Balance)

두 개 이상의 요소 사이에 부분과 부분 또는 사이에 시각상의 힘이 안정되어 있는 것을 균형이라 한다. 균형은 질서와 안정, 통일감을 느낄 수 있게 하는 요소로서 대칭 또는 비대칭의 원리로 이루어진다. 헤어커트 디자인에서 대칭은 정중선을 중심으로 양족 똑같은 형으로 만든 디자인 위치와 크기 모양에 균형을 이룬다. 이에 반해 비대칭은 맞지 않는다. 의미로 좌우 밸런스가 동일하지 않으며 반대쪽과 불균등하게 균형을 이룬다.

(4) 비례 (Proportion)

비례는 전체적인 형태와 부분간의 양적인 비교를 포함하는 것을 의미한다. 이는 비율, 분할을 뜻하며 부분 부분 또는 부분과 전체와의 수량적 관례가 미적으로 분할 될 때 좋은 비례가 형성되었다고 한다. 헤어 스타일에 있어서 모량의 양과 비율을 어떻게 분배하느냐에 따라 스타일링의 완성도는 매우 다르게 표현된다.

(5) 대비 (Contrast)

두 가지 이상의 서로 성질이 다른 것이 동시에 같은 공간에 배열되는 것을 의미하여, 이는 조화의 반대 현상으로 비교되고 서로가 상반되는 성질을 강조한 것으로 다른 특징을 한층 더 돋보이게 하는 현상을 의미한다. 대비를 통해 강조와 대조의 미를 느낄 수 있으며, 대비는 균형, 통일 등에 변화를 줄 수 있는 중요한 원리로 작용한다.

(6) 율동 (Rhythem)

율동은 물체가 연속적인 동작을 취하는 형태의 흐름을 내포하고 있다.

각 요소 상태와 모발의 길이, 방향성, 볼륨 등 머릿결의 움직임 상태가 규칙적이고 강약에 의한 동적인 연속성을 리드미컬하게 표현할 때 나타난다.

헤어 디자인에서의 규칙적인 장단이 연속되는 율동은 리듬감을 살려주며 아름다움의 효과를 더욱 배가시켜 주는 결과를 가져올 수 있다.

(7) 강조 (Emphasis)

디자인 요소 중 핵심이 되는 내용이나 두드러지게 드러내는 방식에 관한 원리로서 다자인 내에 어느 한 단위가 가장 큰 영향력을 미치게 한다.

헤어디자인에서 어느 한 부분에 포인트를 주거나 관심을 집중시키는 초점을 형성하는 것으로 균형과 율동, 조화와 대비를 통해 다양한 헤어 아트를 진행할 수 있다.

4. 헤어 커트 도구 및 사용방법

헤어 커트 디자인을 완성하기 위해서는 디자인의 형태, 질감 등이 잘 표현되어야 한다.

헤어 커트를 위해서 사용하는 도구는 커트 빗, 커트가위, 핀셋, 클리퍼, 레이저, 분무기, 수건, 커트 보 등이 있다. 숙련된 테크닉을 발휘하기 위해서는 용도에 알맞은 도구사용은 작업의 효율성을 높여주고 기술의 효과를 상승 시켜줄 수 있기 때문에 다양하고 품질이 우수한 제품을 선별하여 사용하는 것이 중요하다.

1) 커트 빗(Comb)

일반적인 커트 빗은 굵은 빗살(얼레 살)과 가는 빗살(고운 살)로 이뤄져 있다. 크기는 대, 중, 소가 있고 용도에 따라서 알맞게 사용해야 하며, 빗 몸의 중심부를 잡고 손가락을 이용하여 목적에 따라서 돌려가면서 사용한다.

커트를 위한 빗을 선택할 때는 소재가 견고하고 균등해야하며, 빗살이 너무 뾰족하거나 무디지 않아야 한다.

(1) 얼레살 : 블로킹, 파팅, 섹션을 나눌 때 사용한다.

(2) 고운살 : 모발을 분배하거나 촘촘히 빗질 할 때 사용한다.

(3) 빗 몸 : 빗의 균형을 유지하면서 전체를 지지한다.

(4) 빗살 끝 : 두피에 빗을 대고 모발을 분배할 때 사용한다.

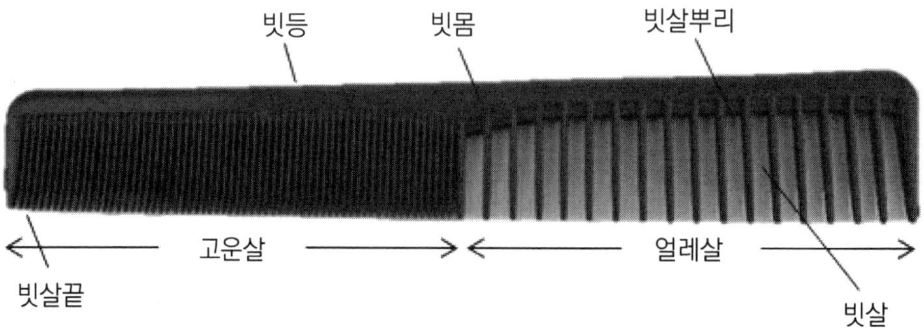

2) 커트 가위(Scissors)

커트를 위한 도구로 역학적으로 지렛대의 원리를 응용하여 만들어졌다. 길이에 따라서 4인치(inch) '미니 가위'부터, 5인치(12cm)와 5.5인치(14cm), 6인치(15cm), 흔히 7인치(17.5cm)는 '장 가위'라고 부른다. 가위의 길이가 짧을수록 섬세한 커트를 할 수 있고, 길수록 신속하고 직선적인 커트에 용이하다.

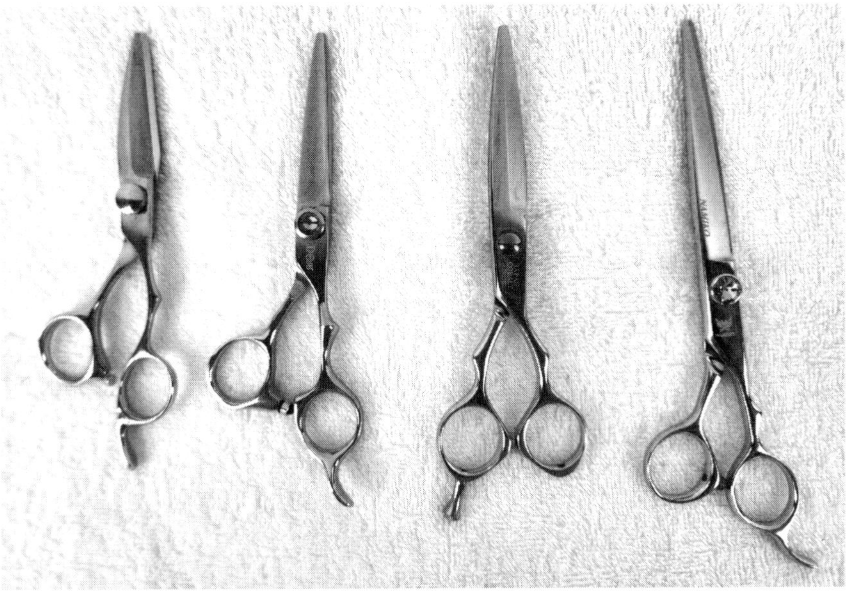

모양에 따라서 직선형과 R형 등이 있고, 목적에 따라서 커트 가위, 틴닝 가위, 스트록 가위가 있다. 가위 날의 강도가 적당하고 재질이 좋아야하고, 가위 내면의 곡선 마무리 공정이 깨끗하며 선회축(Pivot point)의 작용이 좋은 것을 선택해야 하는데, 무엇보다 커트를 위한 가위는 자신의 손과 손가락에 맞는 것을 선택하는 것이 가장 중요하다.

**** 커트 가위의 구조**

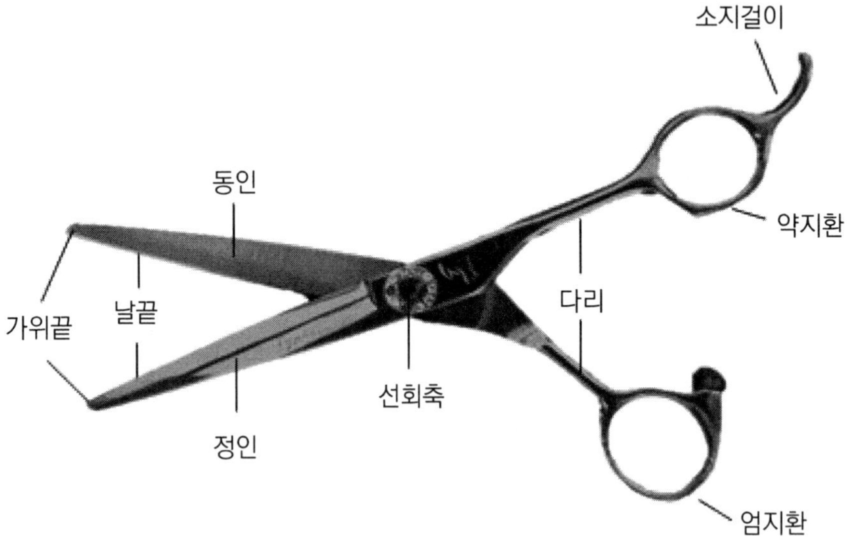

(1) 엄지환(Thumb grip) : 동인에 연결된 원형의 고리부분인 동도로 엄지를 끼워 조작한다.

(2) 약지환(Finger grip) : 정인에 연결된 원형의 고리부분인 정도로 약지를 끼워 조작한다.

(3) 동인(Moving blade) : 엄지의 움직임으로 조작되는 움직이는 유동날(동도)

(4) 정인(Still blade) : 약지의 움직임으로 조작되는 움직이지 않는 고정날(정도)

(5) 가위 끝(Edge point) : 정인(靜刃)과 동인(動刃) 양쪽의 뾰족한 앞쪽 끝.

(6) 날 끝(Cutting edge) : 정인과 동인의 안쪽 면을 자르는 날 끝.

(7) 다리(Shank) : 선회 축 나사와 환(環) 사이의 부분.

(8) 소지걸이(Finger brace) : 정인과 약지환에 이어져 있으며, 소지걸이가 없는 가위도 있다.

(9) 선회축(Pivot point) : 가위를 느슨하게 하거나 조이는 역할을 하며 양쪽 날을 하나로 고정시켜 주는 중심축.

3) 틴닝 가위(Thinning Scissors)

일반 가위로 커트를 한 후에 모량을 조절하기 위한 목적으로 모발의 흐름을 자연스럽게 표현해준다. 가윗날이 무흠날과 흠날이 있어서 무흠날 위에 모발을 얹어 흠날이 커트하는 원리로 흠날의 용도에 따라서 크기가 다양하며, 30발, 50발을 흠날의 수를 말하며, 30%, 50% 등으로 표현하는 것은 모량이 감소되는 양(%)을 말한다.

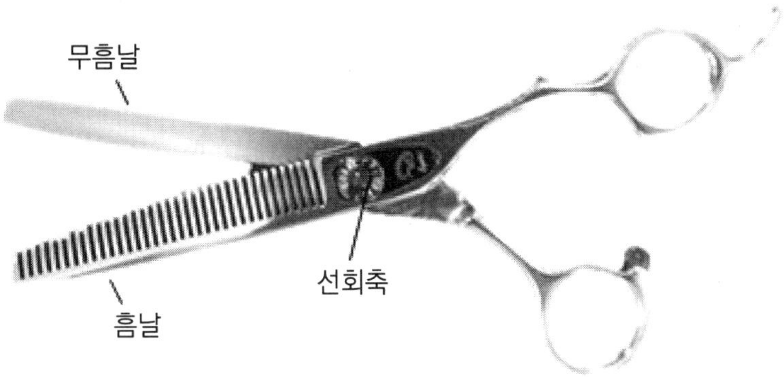

(1) 무흠날 : 동인에 엄지손가락을 넣어서 움직이며 커트한다.

(2) 흠날 : 정인에 약지 손가락을 넣어서 감소시킬 모발을 얹는다.

(3) 선회축(Pivot point) : 서로 접촉하는 부분으로 이 부분이 마모되면 가위가 잘 개폐되지 않는다.

4) 레이저(Razor)

가위로는 표현 할 수 없는 자연스러운 선을 표현하기 위해서 사용하는 레이저는 커트와 질감을 동시에 진행할 수 있는 편리함과 부드러움, 가벼움, 경쾌함, 매끄러움, 율동감을 주어 여성스런 이미지 연출이 가능하다. 레이저 커트를 시술 할 때는 반드시 모발이 충분히 젖은 상태에서 시술해야 모발 손상을 예방 할 수 있다.

일반 레이저(Ordinary razor)는 능률적이지만 너무 많이 자를 우려가 있고, 세이핑 레이저(Shaping razor)는 일면 혹은 양면이 있으며, 안정성이 높아 초보자에게 적합하다.

일반 레이저 쉐이핑 레이저 특수 레이저

5) 클리퍼(Clipper)

1871년 프랑스의 바리깡(Barican)에 의해 발명된 클리퍼는 기계의 안쪽 모터의 동력에 의해서 유동 날의 이동으로 모발을 절단하는 원리이다. 머리를 짧게 커트 할 때 네이프, 사이드 부분을 올려칠 때 사용하는데 크기와 종류가 다양하다. 윗날은 좌우로 움직이며 밑날과 함께 모발을 절단하는 작용을 하고, 밑날은 윗날과 함께 모발을 자르는 역할 및 모발을 같은 길이로 맞추는 빗의 역할을 한다.

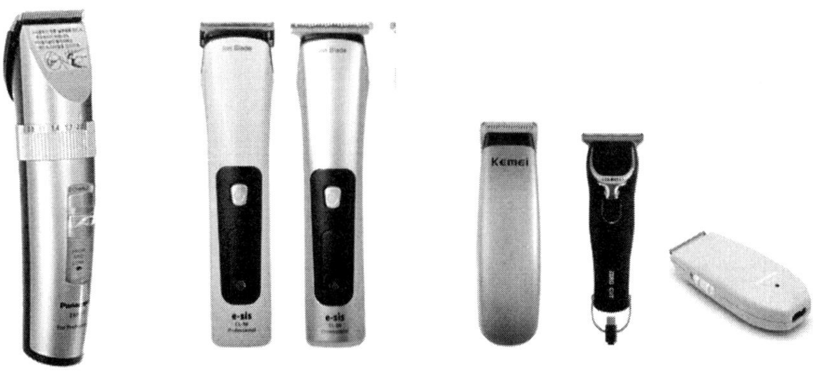

일반 클리퍼 소형 클리퍼

6) 분무기(Spray)

젖은 모발 커트(Wet cut) 할 때는 분무기를 이용하여 모발을 균일하게 수분을 분사하여 시술하여야 한다. 충분한 수분이 공급되면 빗질할 때 큐티클 손상이 적고 빗질이 양호하며, 섹션이나 파팅을 나누는 작업이 편리하여 좋은 커트 결과를 얻을 수 있다.

일반 분무기 안개 분사형 분무기

7) 클립(Clip)

정확한 커트를 시술하기 위해서 일정한 구역을 나눠야하고 모발을 고정하기 위해 필요한 도구이다. 금속성과 플라스틱 재질이 있고 일반적으로 가볍고 얇고 고정력이 좋은 제품을 선택하는데 모발 길이와 모량에 따라서 선택하여 사용한다.

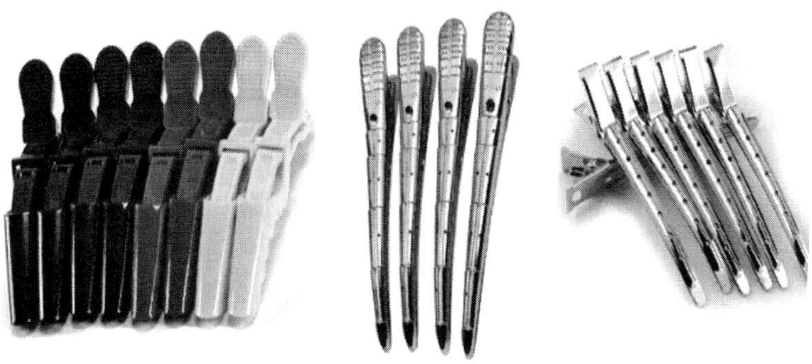

8) 스펀지(Sponge)와 브러시

커트 시 고객의 얼굴과 목에 머리카락을 털기 위한 목적으로 일반적으로 회색의 고탄성 합성수지 제품을 사용한다. 고객의 피부에 사용하기 때문에 위생적으로 소독하여 사용하도록 하고, 메이크업을 하고 있는 고객의 경우 미용 브러시를 사용하기도 한다.

5. 헤어 커트 도구 사용하기

1) 헤어 커트 빗(Comb) 사용하기

① 빗 몸의 중앙지점에서 엄지는 아래에서 검지와 중지는 위에서 가볍게 마주 잡고 빗질한다.

② 수직으로 빗질할 때도 빗의 중앙을 가볍게 잡는다.

③ 얼레 살과 고운 살을 사용하기 위해 빗을 회전 시킬 때는 엄지와 검지로 빗등을 잡아 회전한다.

④ 커트가 진행되고 있는 과정에서 빗을 사용하지 않을 때는 반대 손의 손바닥에 올려놓고 엄지로 고정시킨다.

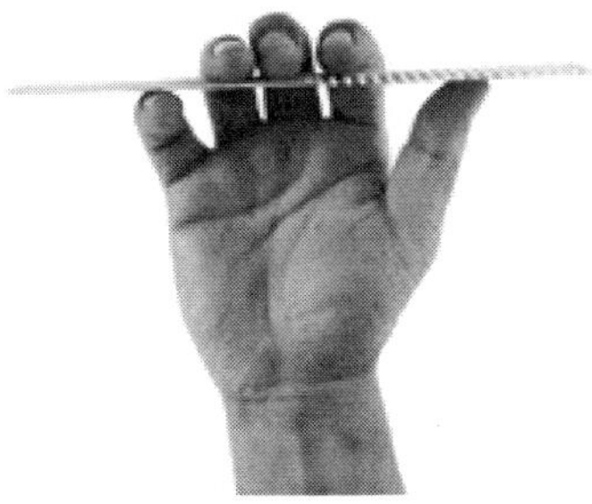
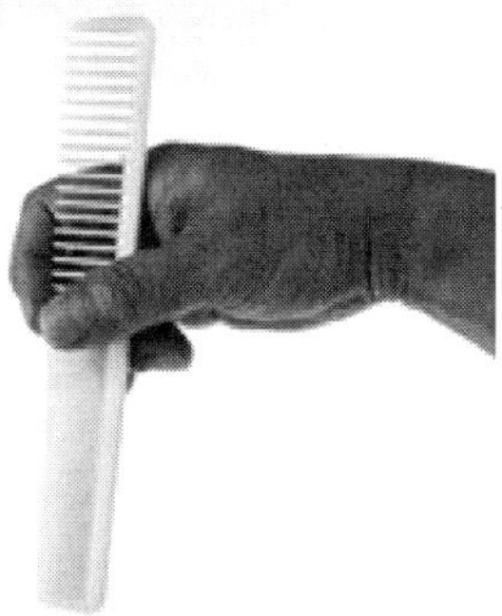
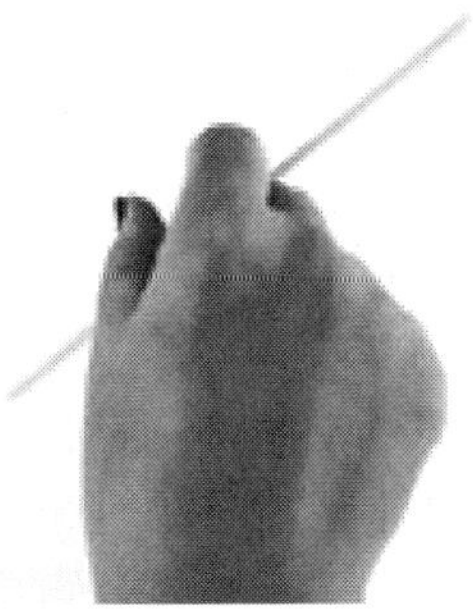
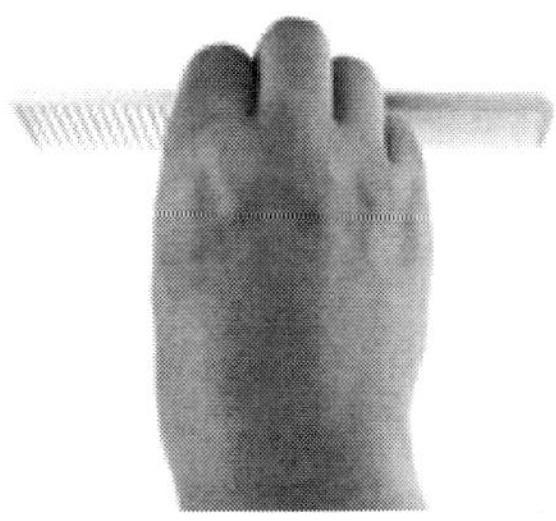
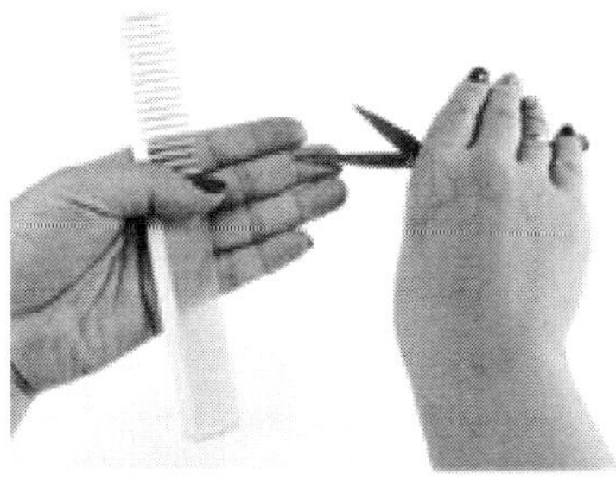

2) 커트 가위(Scissors) 사용하기

① 왼손으로 가위의 선회축을 잡고 고정날(정도)에 오른손의 약지 손가락을 끼운다.

② 동도에 엄지를 넣어서 개폐 동작을 하게 되는데 너무 깊숙이 넣게 되면 동작이 불편하기 때문에 손톱에 걸치는 정도만 끼운다.

③ 정도는 고정한 상태에서 동도만 움직여서 커트를 한다. 나머지 약지와 세 손가락은 가지런히 움직이지 않고 엄지의 힘을 받쳐주는 역할을 한다.

④ 커트를 하지 않을 때는 가위 날을 닫은 뒤 엄지환에서 엄지를 빼고 가볍게 주먹을 쥐는 동작으로 가위를 쥐거나 가위를 뒤로 돌려서 소지 뒤로 보내서 가볍게 쥔다.

⑤ 엄지환에서 엄지를 뺀 상태에서 빗질을 한다.

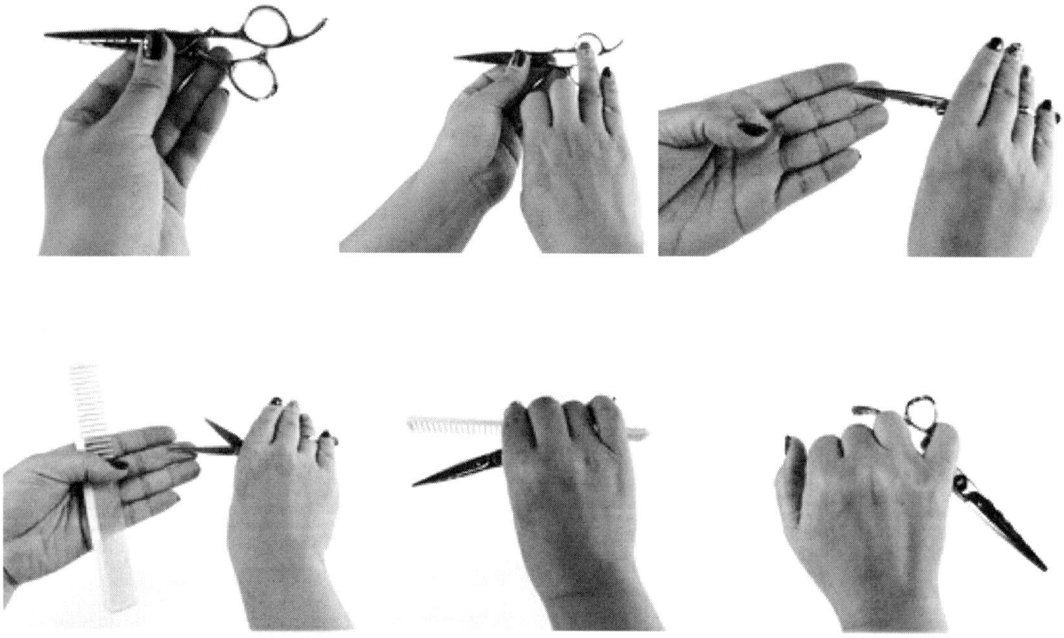

3) 패널 잡아서 커트하기

① 수평커트 : 모발을 아래로 곱게 방향성 빗질을 하고 커트를 위한 패널을 잡을 때 손가락 안쪽에 모발이 놓이도록 하고 가위가 지면과 수평이 되도록 하여 커트한다.

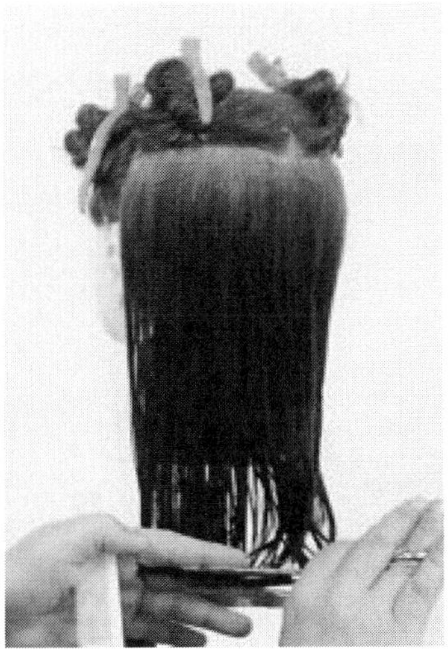

② 수직커트 : 패널을 수직으로 잡고 손가락 안쪽 혹은 바깥쪽에 놓이도록 하고 가위가 지면과 수직이 되도록 하여 커트 한다.

4) 커트 레이저(Cut razor) 사용하기

① 레이저의 손잡이를 편안하게 잡는다.

② 연필을 잡듯이 잡는다.

③ 모발에 충분한 수분을 분사한다.

④ 왼손의 패널 안쪽에서 레이저 커트하기 때문에 가이드 보다 짧아질 우려가 있다.

⑤ 감각적인 빗질을 반복하면서 강한 텐션에 유의하면서 레이저 커트 한다.

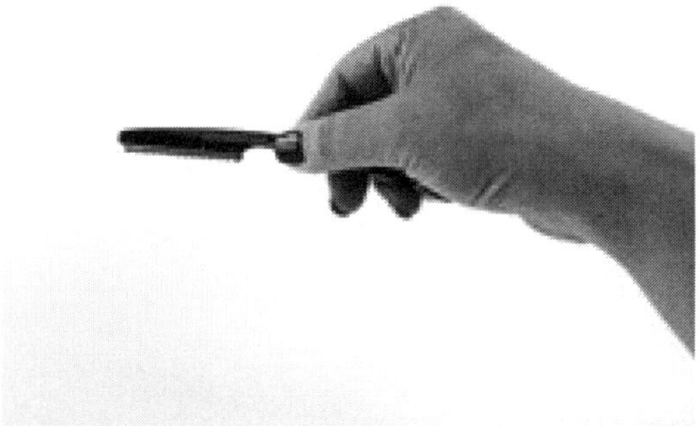

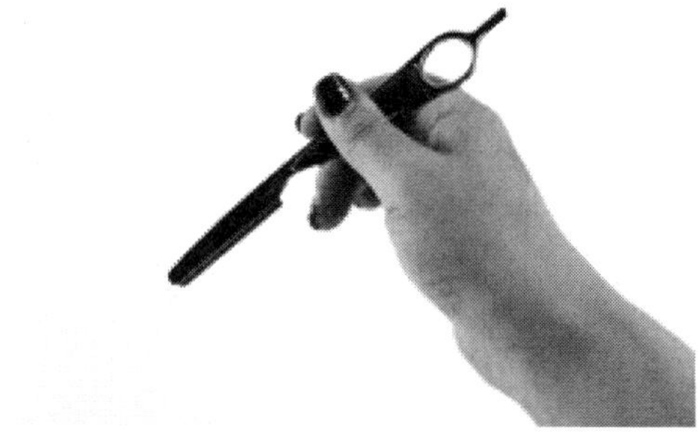

5) 클리퍼(Clipper) 사용하기

① 클리퍼 전용 빗을 사용하여 클리퍼가 미끄러지듯이 빗살을 따라가면서 빗살 위로 튀어 나온 모발이 커트되는 방식이기 때문에 빗의 위치와 각도로 모발의 길이가 결정된다.

② 클리퍼가 전동식이기 때문에 빗을 잡는 방법과 각도에 대한 집중적인 연습이 필요하다.

③ 빗을 잡을 때 힘을 풀고 빗을 잡은 쪽의 엄지로 빗등을 받치고, 검지로 빗살의 끝을 잡는다.

④ 세 손가락은 빗을 가볍게 오므려 잡고 엄지로 빗등을 밀거나 당기면서 클리퍼가 지나가면서 커트한다.

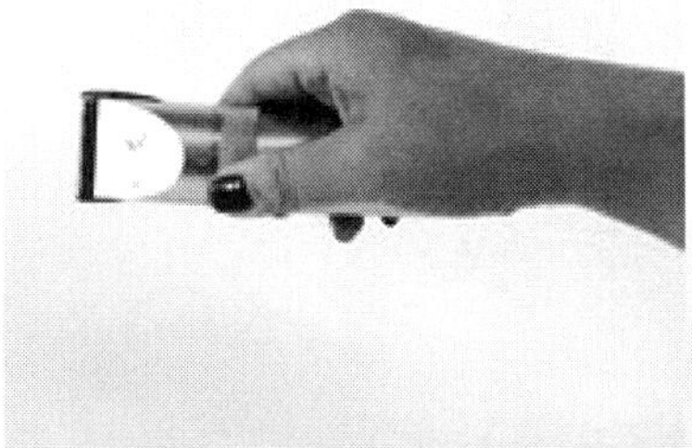

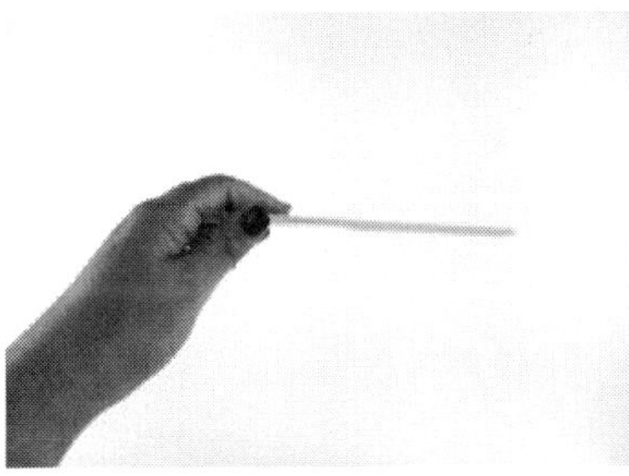
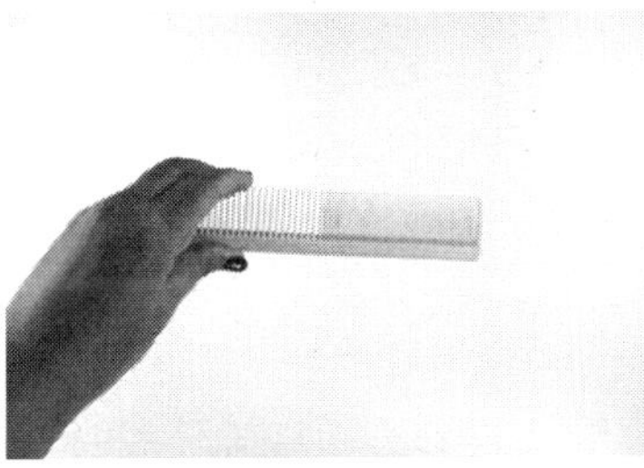
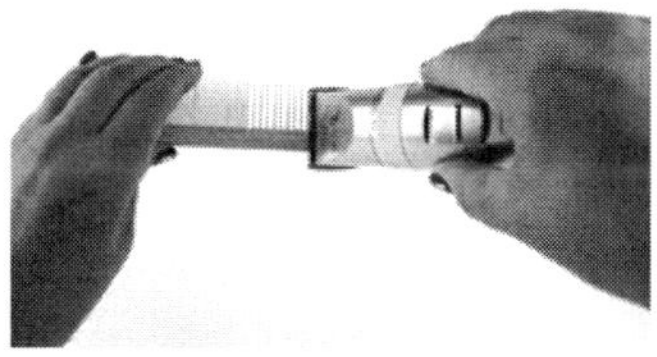

* 헤어 커트를 위한 올바른 자세

정확한 커트를 위한 올바른 자세는 양 발을 어깨 넓이만큼 벌려서 왼발이 약간 앞으로 나오도록 안정된 자세로 고객과의 거리는 30~40cm 간격을 유지하며 시술 위치는 가슴선이 적당하다. 높낮이는 고객의 의자로 조절이 가능하지만 시술자가 무릎을 굽혔다 폈다 할 수 있도록 편한 자세로 커트해야 한다.

2장 헤어 커트 기초 기술의 이해

2장 헤어 커트 기초 기술의 이해

기초 커트를 시술하기 위해서는 커트를 위한 블로킹, 헤드포지션, 섹션, 슬라이스라인, 베이스, 분배. 시술각도, 손가락의 위치, 가이드라인, 질감처리 등을 정확하게 이해하도록 한다.

1. 블로킹(Blocking)

두상의 영역을 나누는 것은 정확하고 편리하게 커트하기 위함이다. 블로킹은 다양한 커트 디자인을 결정짓는 계획의 단계로 고객의 골격, 머릿결, 모발의 양, 퍼머넌트의 유무 등을 자세하게 파악하고 디자인해야 한다. 두상의 구역을 나눌 때는 곡면을 고려하여 주요 포인트를 중심으로 분배 한다. 대표적으로 정중선과 측중선을 나누면 4등분 블로킹, 앞머리를 구분하면 5등분 블로킹이 되며, 커트 디자인에 따라서 더 많은 등분을 나눌 수 있다.

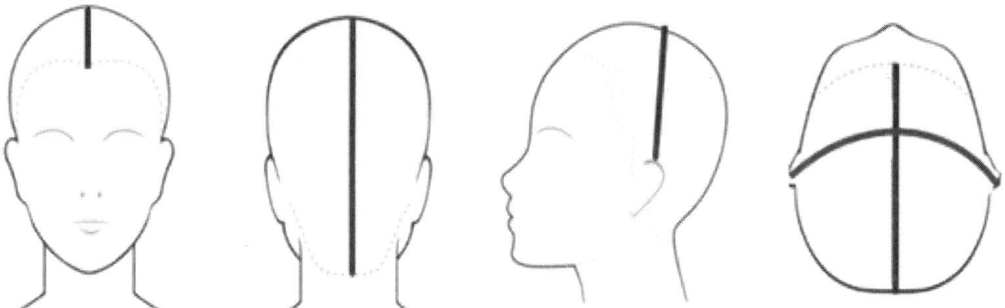

4등분 블로킹

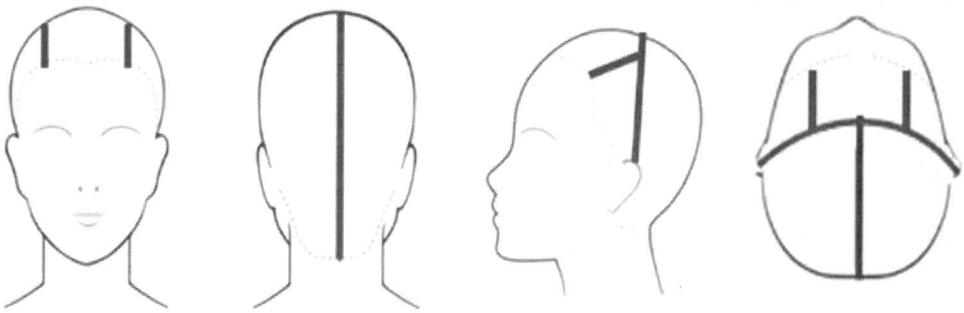

5등분 블로킹

2. 각도(Angle)

커트의 요소로 중요한 역할을 하며 적용되는 각도에 따라서 커트의 형태가 달라진다. 두상으로 부터 모발을 들어 올려서 적용 시키는 시술 각도는 층과 높낮이를 만든다. 낮은 층은 볼륨감을 주어 무게감, 입체감, 양감을 결정하게 되고, 높은 층은 볼륨감은 적고 양감이 사라져 가벼워진다.

적용되는 시술 각도는 자연 시술각과 두상 시술각으로 구분한다. 자연 시술각은 천체축을 기준으로 두상각도를 무시하고 바닥을 기준으로 수평선과 수직선을 이용하여 각도를 적용한다. 일반 시술각은 두상 시술각으로 둥근 두상의 상태에서 커트를 위한 지점에서 베이스의 접점이 시술각도를 측정하는 기준이 된다.

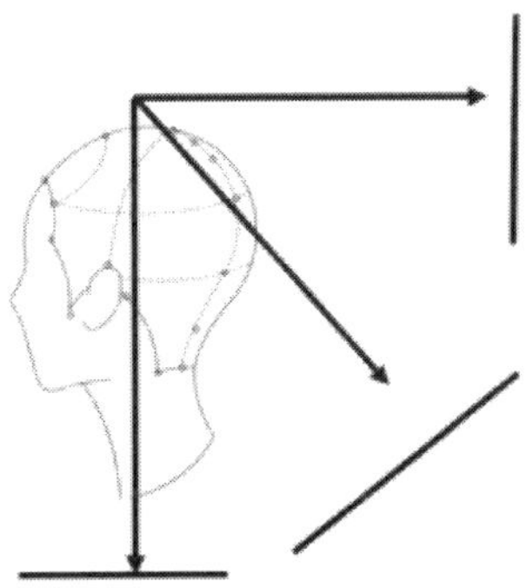

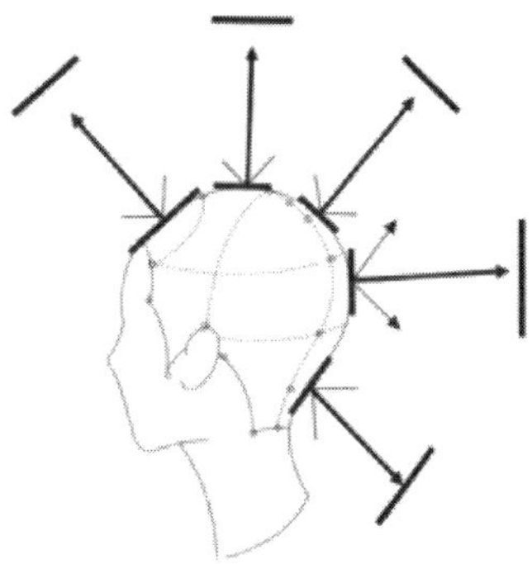

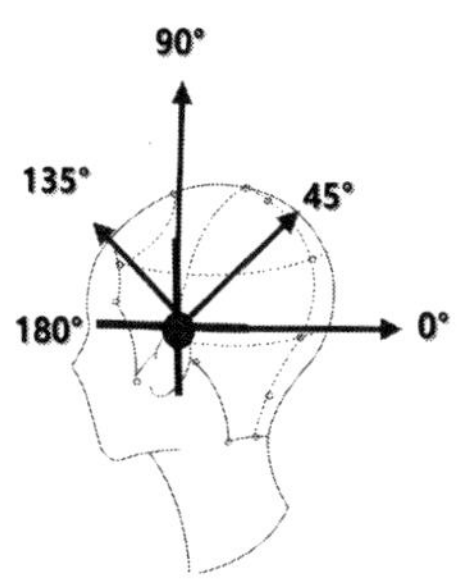

자연 시술각
(천체축을 중심으로)

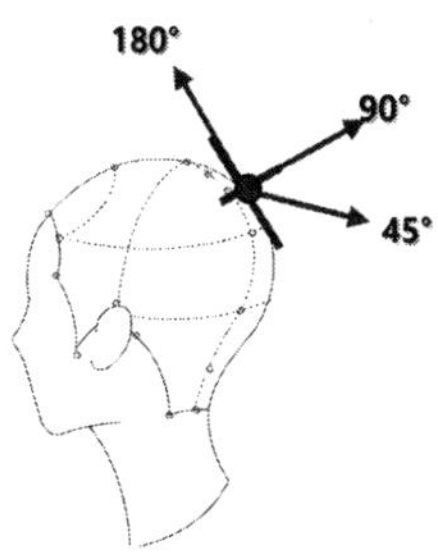

두상 곡면의 각
(두상 곡면중심으로)

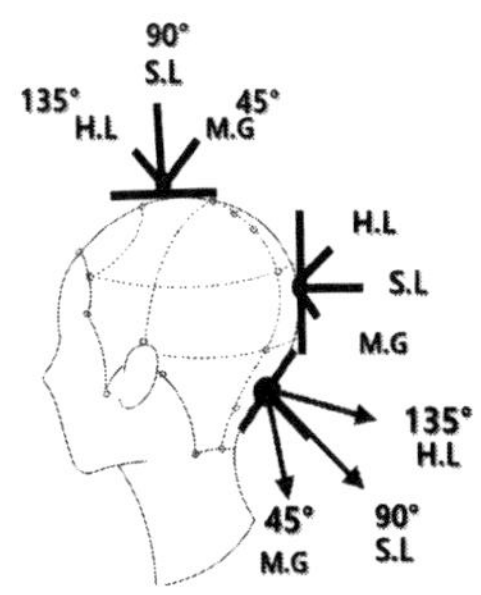

곡면 시술각
(두상 곡면기준)

3. 섹션(Section)

블로킹을 나눈 것을 보다 더 작은 구역으로 나누는 영역을 말하며 **—형, U형, ∩형, V형, ∧형** 등 섹션의 모양에 따라 커트의 실루엣 라인이 형성된다. 섹션은 여러 개의 베이스(Base)와 패널(Panel)이 되며, 커트 방향이 가로(수평 Horizontal)섹션, 세로(수직, Vertical)섹션, 방사선(Pivot)섹션, 전대각(Diagonal forward)섹션, 켄케이브(Concave), 후대각(Back diagonal)섹션, 컨벡스(Convex)가 된다.

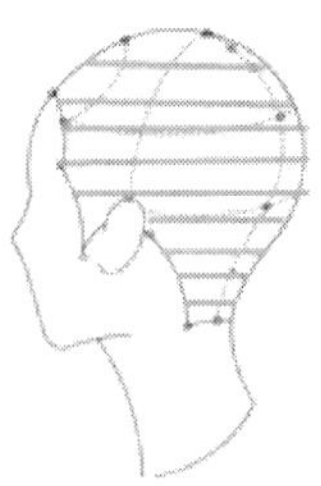

가로섹션
(Horizontal)

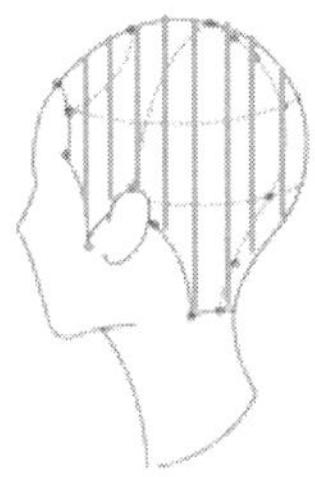

세로섹션
(Vertical)

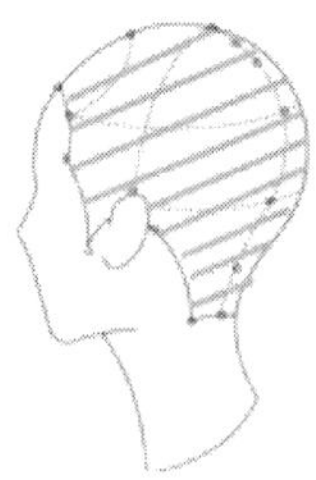

사선섹션
(Diagonal)

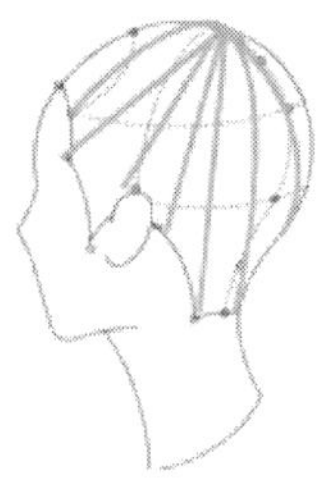

피봇섹션
(Pivot)

4. 슬라이스 라인(Slice line)

섹션과 유사한 개념으로 섹션을 더 작게 나누는 것을 의미하며, 커트 디자인의 형태선(Out line)에 맞추어 시술하기 위하여 나누는 선의 형태이다. 수평으로 나누는 평행라인(Parallel line), 얼굴의 앞쪽으로 경사가 지는 A라인(컨케이브, Concave line), 얼굴의 뒤쪽으로 경사가 지는 V 또는 U라인(컨벡스, Convex line)이 있다.

경사에 따라서 커트 스타일의 형태선과 이미지가 다르게 표현된다. 일반적으로 원랭스 커트 할 때 슬라이스 라인과 모발이 직각이 되도록 빗질하여 커트하면 평행 보브 라인, 스파니엘 라인, 이사도라 라인, 머쉬룸 라인의 형태선이 만들어 진다. 가이드 라인을 고정시켜 놓고 모든 모발을 가이드 라인으로 모아 커트하는 고정 디자인 라인과 두상 각도를 적용하여 자른 모발의 일부 파팅마다 이동시켜서 커트하는 이동 디자인 라인이 있다.

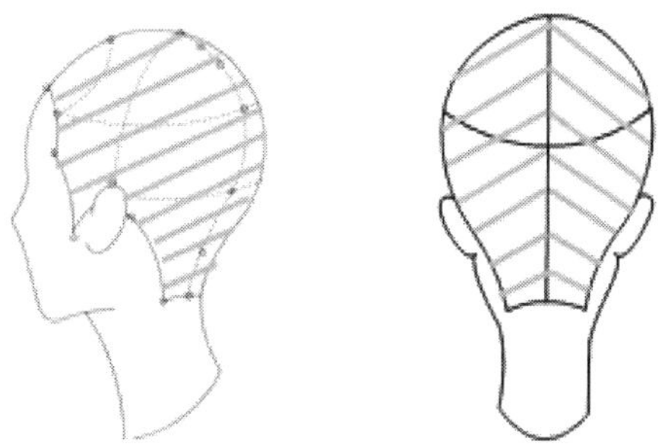

전대각(Forward)
= 컨케이브(concave)

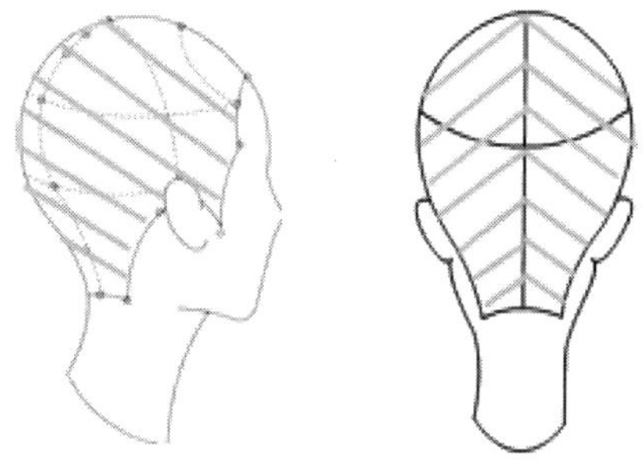

후대각(Reverse)
= 컨벡스(convex)

5. 베이스(Base)

커트를 위해서 잡고 있는 스트랜드를 당기는 것을 말하며, 베이스의 종류에 따라 모발 길이와 형태가 변화된다. 커트를 하는 방향에 따라 베이스의 종류가 달라진다.

세로는 수직으로 커트하는 경우로 온 더 베이스(On the base), 사이드 베이스(Side the base), 프리 베이스(Free base), 오프 더 베이스(Off the base)로 구분한다. 온 더 베이스를 제외하고 앞쪽으로 당기는 전방과 뒤쪽으로 당기는 후방이 있다. 앞쪽으로 당기면 앞은 짧아지고 뒤는 길어지고, 뒤쪽으로 당기면 앞은 길어지고 뒤는 짧아진다.

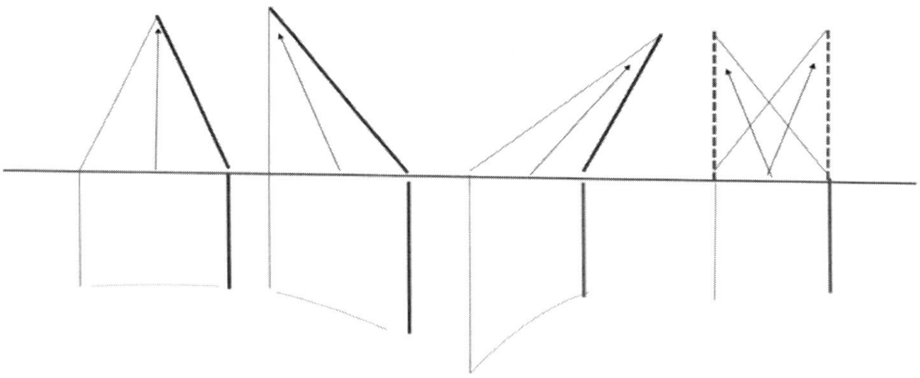

온 베이스 (On the base)	사이드 베이스 (Side base)	오프 베이스 (Off the base)	프리 베이스 (Free base)

(1) 온 더 베이스(On the base)

동일한 길이로 커트하고자 할 때 모아 잡는 방법으로 패널의 중심이 90°가 되도록 하고, 너무 넓게 잡으면 길이의 차이가 생길 수 있기 때문에 베이스의 폭은 2~3cm가 적당하다.

(2) 사이드 베이스(Side the base)

패널의 한쪽 변이 90° 직각이 되도록 모아 잡는데, 오른쪽이나 왼쪽 변으로 당기듯이 모아 잡으면 모발의 길이가 점점 길어지거나 짧아지게 된다. 베이스가 앞쪽으로 향하여 뒤가 길어지는 전방 사이드 베이스와 뒤쪽으로 향하여 앞이 길어지는 후방 사이드 베이스가 있다.

(3) 프리 베이스(Free base)

패널의 한쪽 변으로 모발을 모아 잡는 사이드 베이스와 비슷하지만 조금 더 완만하고 부드러운 변화를 주는 방법으로 전방 프리베이스와 후방 프리 베이스가 있다.

(4) 오프 더 베이스(Off the base)

베이스 밖으로 패널이 벗어나도록 모발을 모아 잡는 것으로 베이스 밖으로 당기는 정도에 따라서 모발의 길이가 달라지기 때문에 큰 변화가 필요할 때 사용한다. 앞쪽으로 향하는 전방 오프 더 베이스와 뒤쪽으로 향하는 후방 오프 더 베이스가 있다.

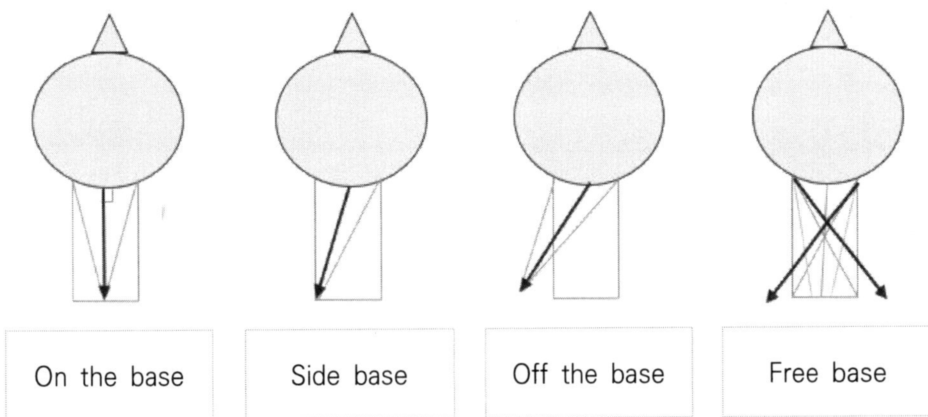

6. 분배(Distribution)

분배는 파팅 후 빗질에 대한 방향을 말하며, 빗질의 방향은 헤어커트 각도에 따라 달라지며 만들고자 하는 헤어커트의 형태에 따라 다르게 진행된다.

섹션을 잡은 한 면에 대한 모발의 빗질 방향이며 자연, 직각, 변이 등이 있다

(1) 자연분배 (Natural Direction)

중력 방향으로 위에서 아래로 자연스럽게 떨어지는 0°을 말한다.

자연분배의 0°시술각으로 진행되는 원랭스 (평행, 이사도라, 스파니엘)

(2) 직각분배 (Perpendicular Direction)

파팅선에서 직각 방향으로 빗질한 방향을 말한다.

모발이 직각으로 떨어지는 각도 90°을 의미한다.

(3) 변이분배 (Shifted Direction)

모발이 자연분배나 직각분배가 아닌 다른 방향으로 진행되는 것을 말한다.

급격한 기장 차이나 서로 다른 베이스를 연결하고자 할 때 적합하다.

(4) 방향분배 (Directional Distribution)

포인트나 강조를 위하여 특정한 방향을 정해두고 모발을 빗는 것을 말한다.

두상의 곡면에 의해 형태를 만들고, 파팅과 상관없이 원하는 한 방향의 빗질을 통해 디자인하는 하는 것을 의미한다.

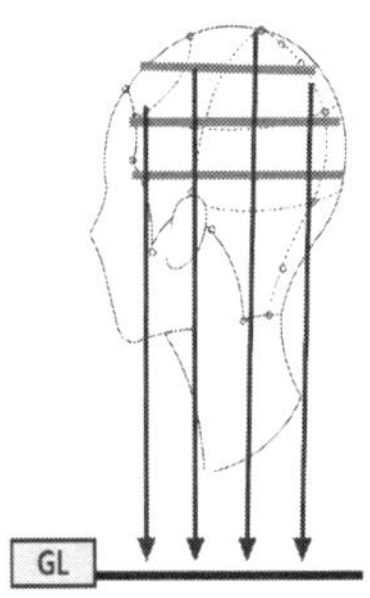

Natural Direction
(자연분배)

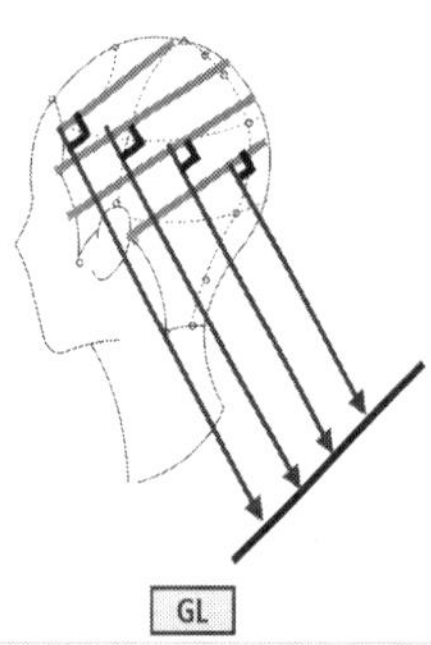

Perpendicular Direction
= Right angle
(직각분배)

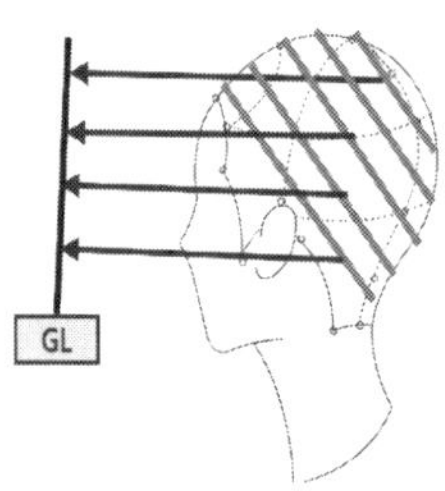

Shiftted Direction
= Transform
direction
(변이분배)

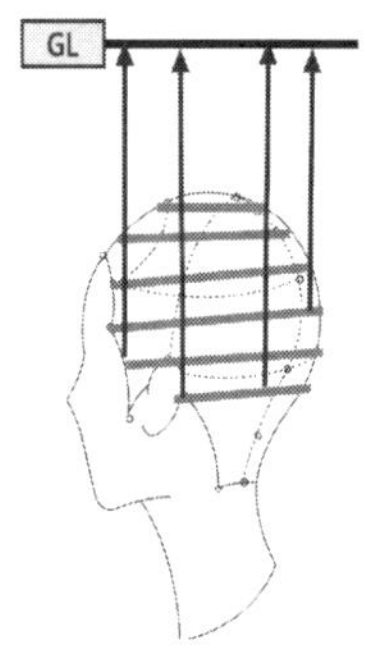

Directional
Distribution
(방향분배)

7. 가이드 방향(Guide Direction)

헤어커트는 가이드라인을 기준으로 진행하고자 하는 방향성에 따라 두 가지로 나뉜다.

처음으로 시작 Guide Line을 선정하여 그 가이드의 방향에 따라 두상 곡면에 맞춰 연결하는 방법을 이동가이드라인이라 하며, ‘앞전의, 이전의 사용한 가이드를 기준으로 계속 연결하여 자른다.’는 의미로 모발일 가이드라인 (Mobile Guide line) 이라 하며, 프리비어스 섹션 테크닉(Previous Section Technique)라고도 한다.

반면에, 최초에 자른 가이드라인을 이동하지 않고 모두 처음에 자른 가이드라인에 맞춰 진행하는 것으로 오버 디렉션 (Over Direction) 이라하며, 두 번째 라인도, 세 번째 라인도 모두 최초에 자른 가이드라인에 고정시킨다 하여 스테이 디렉션(Stay Direction)이라고도 한다. 모두 같은 뜻의 말이며 이동 가이드라인과 고정 가이드라인의 차이에 대해 정확히 이해하는 것이 매우 중요하다.

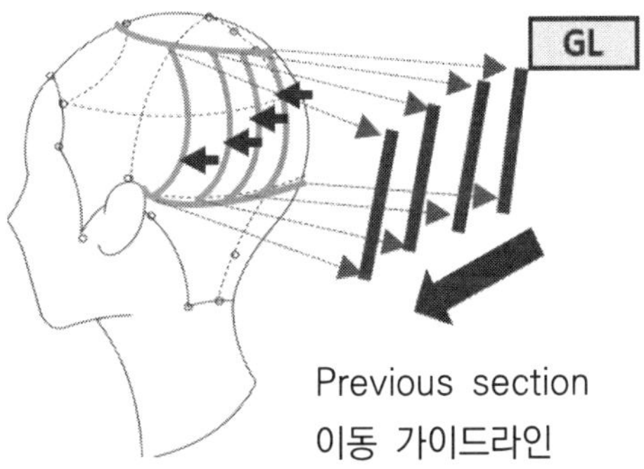

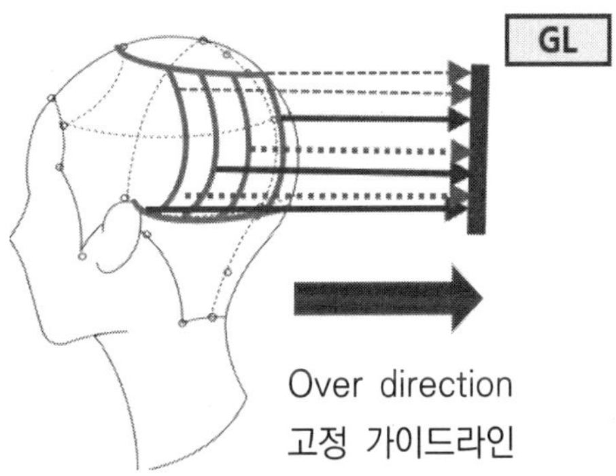

이동디자인 라인
= Mobile Design Line
= Previous Section Technique

고정디자인 라인
= Over Direction
= Stay Guide Line

8. 질감처리(Texture)

질감의 표현 방법은 커트 단면이 무겁거나 딱딱한 느낌이 나지 않도록 처리하는 커트 기법으로 뾰쪽한 느낌, 붓끝 같은 느낌, 깃털 같은 느낌 등을 표현한다. 머리의 길이와 각도를 정확하게 맞추어 자른 다음 모발의 양을 조절하여 양감을 표현하거나 머릿결의 움직임에 따라 질감을 표현해주는 것은 커트디자인에 있어서 매우 중요한 작업이다.

디자인 된 헤어스타일이 무미건조하지 않은 섬세한 스타일과 질감 표현을 연출하기 위해서는 질감을 감소시키면서 적당한 테크닉이 가미되면 매우 효과적이다.

커트 가위를 사용한 질감 처리 방법은 슬리더링 커트(Slithering Cut), 싱글링 커트(Singling Cut), 스트록 커트(Stroke cut), 슬라이싱 커트(Slicing Cut), 나칭 커트(Notching Cut), 포인트 커트(Point cut), 블릭 커트(Brick cut) 등이 있다.

틴닝 가위를 사용한 질감 처리 방법은 루트 틴닝(Root thinning), 이너 틴닝(Inner thinning), 라인 틴닝 (Line thinning) 등이 있다.

레이저를 사용한 질감 처리 방법은 레이저 에칭(Razor etching), 레이저 아킹(Razor arcing), 딥 테이퍼(Deep taper), 노말 테이퍼(Normal taper), 앤드 테이퍼(End taper)가 있다.

(1) 블런트 커트(Blunt Cut)

섹션과 평행이 되게 자르며, 커트된 모발의 끝이 무거운 직선으로 잘린다.

모발 끝이 일률적으로 반듯하게 잘리며, 모든 모발의 길이가 고르게 연결된다. 단정하고 깔끔한 느낌을 줄 때 사용되며, 길이는 제거되지만 무게감은 그대로 유지된다.

(2) 나칭 커트(Notching Cut)

커트 후 커트라인이 무거운 느낌 없이 자연스러운 커트라인으로 처리되는 기법으로 가위를 모발 끝을 잡은 손과 가위 날이 45‘ 정도 대각으로 비스듬히 모발 끝을 커트하는 방법이다.

블런트 커트의 무거운 느낌과 커트 선이 보이는 부분을 감소 시켜주기 위한 커트기법이다.

(3) 포인트 커트(Point Cut)

가위의 끝 날로만 나칭 커트보다는 가위를 모발 끝에 대해 더욱 깊숙이 커트하는 기법이다. 머리 끝부분에 나칭 커트보다 거칠고 불규칙한 움직임과 가벼운 느낌으로 표현하기 위한 목적으로 사용되는 기법이다.

(4) 슬라이싱 커트(Slicing Cut)

모발 끝 쪽의 방향성을 주기 위한 목적으로 머리 다발을 왼손으로 잡거나 모발을 잡지 않고 가위의 날을 세워서 머리끝을 날려 보내는 동작으로 가위를 모발의 끝을 향해서 미끄러지듯 커트하는 방법이다.

(5) 슬라이딩 커트(Sliding Cut)

형태를 만들기 위해 가위 날이 미끄러지듯이 자르는 방법으로 웨이브 모발에 운동감과 발랄한 방향성을 위한 질감 조절에 주로 사용. 짧은 모발에서 긴 모발로 연결하기 위한 시술로도 적합하다.

(6) 스트록 커트(Stroke cut)

가위를 사용하여 테이퍼 하는 것으로 모발에 대한 가위의 각도에 따라 롱(Long) 스트록, 미디움(Medium) 스트록, 숏(Shot) 스트록으로 구분한다.

(7) 블릭 커트(Brick cut)

모발 안쪽에서 자연스럽게 볼륨 형성을 시킬 목적으로 커트를 위해 잡게 되는 패널의 안쪽을 위빙을 떠서 커트 하거나 중간 중간을 튕기듯이 커트하는 기법이다.

(8) 트위스트 커트(Twist cut)

모발의 다발을 꼬아서 외곽만 커트하는 기법이다. 모량이 많이 뭉쳐있는 부분에 자연스럽게 연결하기 위한 방법으로 사용되며, 블릭 컷과 같이 모량을 제거하고 길이를 자유롭게 표현 및 설정하기 위해 사용한다.

(9) 싱글링 커트(Singling Cut)

싱글링 커트는 네이프 부분을 아주 짧게 커트하고, 탑으로 올라갈수록 점점 길어지는 커트, 즉 아주 짧게 하는 머리 스타일이나, 남자 커트 시 많이 사용하는 방법으로 두피로부터 빗을 사용해서 머리카락을 들어 올린 다음 빗 밖으로 나온 머리카락을 가위로 커팅하는 방법이다.

(10) 틴닝 커트(Thinning Cut)

틴닝 가위의 요철 모양의 날에 의해 모량이 많은 부위의 모발의 숱을 조정하기도 하고, 모발끝 부분을 가볍고 부드러운 느낌이 나도록 할 때 사용하는 커트 기법이다.

(11) 레이저 커트(Razor cut)

형태와 질감을 동시에 처리 할 수 있어 빠르게 시술할 수 있는 장점과 부드럽고 자연스러운 커트 단면을 얻을 수 있다. 모표피(Cuticle)를 손상시킬 수 있기 때문에 시술방법을 잘 숙지하고 모발에 수분을 충분히 적셔서 커트해야 한다.

(12) 레이저 에칭(Razor etching)

모발의 측면과 표면을 시술 할 때 스냅의 깊이 정도에 따라서 모량 감소와 율동감이 증가되며, 레저의 위치에 따라 방향감이 형성되는 기법이다.

(13) 레이저 아킹(Razor arcing)

패널의 안쪽에서 호를 그리듯이 시술하는데 질감보다는 형태가 강조되어 안마름 형태의 방향성을 얻을 수 있는 기법이다.

(14) 딥 테이퍼(Deep taper)

레저를 이용하여 모량을 아주 많이 감소시켜서 움직임이 가벼운 스타일을 연출하고 싶을 때 패널의 끝에서 2/3지점 위에서부터 레저 날이 모발에 대해 10~15° 각도로 눕혀서 테이퍼링 하는 롱 테이퍼(Long taper) 라고 한다.

(15) 노말 테이퍼(Normal taper)

레저를 이용하여 모량을 중간 정도 감소시켜서 가벼운 스타일을 연출하고 싶을 때 패널의 중간 지점에서 부터 레저 날이 모발에 대해 20~30° 각도로 눕혀서 테이퍼링 하는 미디엄 테이퍼(Medium taper) 라고 한다.

(16) 앤드 테이퍼(End taper)

모량을 조금만 감소시켜서 약간 가벼운 스타일을 연출하고 싶을 때 패널의 1/3 지점 위에서 부터 레저 날이 모발에 대해 40~45° 각도로 테이퍼링 하는 쇼트 테이퍼(Shot taper) 라고 한다.

3장 헤어 커트 기본 지식

3장 헤어 커트 기본 지식

1. 두상의 지점과 구역

정확한 헤어 커트를 위해서는 두상의 주요 포인트와 기본 라인과 구역을 정확하게 파악하는 것이 매우 중요하다. 헤어 커트 스타일을 디자인하거나 분석하기 위해서 두상의 주요 포인트를 정확한 위치를 알고 선을 연결할 수 있는 커트 도해도를 작성하고 분석하는 기술과 지식이 필요하다.

1) 두상의 포인트

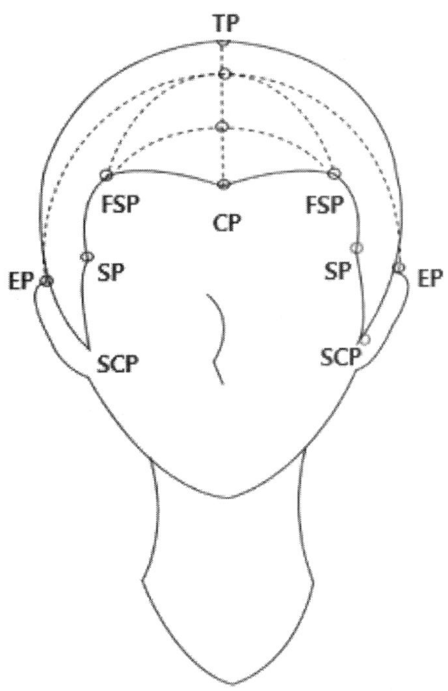

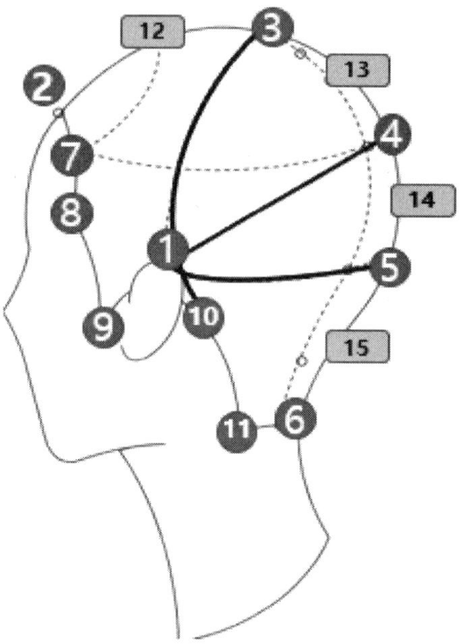

번호	약어	두상의 명칭
①	E.P	이어 포인트(Ear Point)
②	C.P	센터 포인트(Center Point)
③	T.P	탑 포인트(Top Point)
④	G.P	골덴 포인트(Golden Poirt)
⑤	B.P	백 포인트(Back Point)
⑥	N.P	네이프 포인트(Nape Point)
⑦	F.S.P	프론트 사이드 포인트(Front Side Point)
⑧	S.P	사이드 포인트(Side Point)
⑨	S.C.P	사이드 코너 포인트(Side Corner Point)
⑩	E.B.P	이어 백 포인트(Ear Back Point)
⑪	N.S.P	네이프 사이드 포인트(Nape Side Point)
⑫	C.T.M.P	센터 탑 미듐 포인트(Center Top Medium Point)
⑬	T.G.M.P	탑 골덴 미듐 포인트(Top Golden Medium Point)
⑭	G.B.M.P	골덴 백 미듐 포인트(Golden Back Medium Point)
⑮	B.N.M.P	백 네이프 미듐 포인트(Back Nape Medium Point)

2) 두상의 기본선

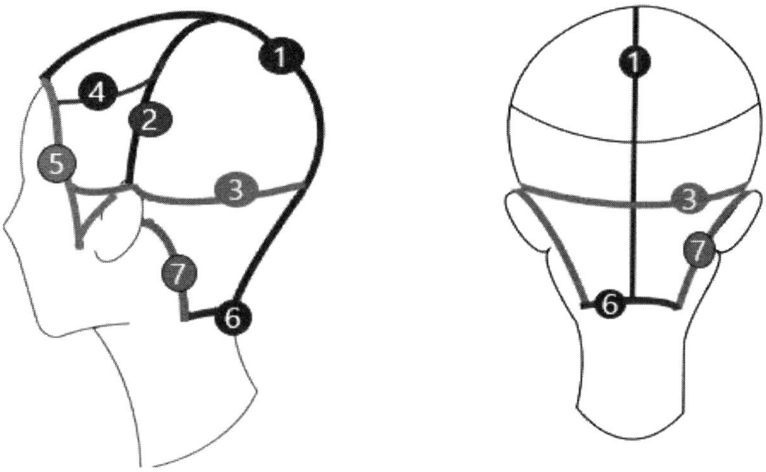

번호	약어	두상의 명칭
①	정중선	**센터 라인**(center line), **센터 파트**(center part)라고 하며, 두상을 수직으로 정중앙에서 나눈 선으로 코의 중심 대칭점과 C.P를 N.P와 수직으로 연결한 선
②	측중선	**이어 투 이어 라인**(ear to ear line)이라고 하며, T.P와 양쪽의 E.P를 수직으로 내린 선
③	수평선	양쪽 E.P의 높이를 수평으로 두른 선
④	측두선	양쪽 눈끝(F.S.P)을 기점으로 하여 머리 앞쪽에서부터 측중선까지를 두상의 곡면대로 연결 한 선
⑤	얼굴선	**페이스 라인**(face line)이라고 하며, S.C.P에서 C.P를 연결해서 얼굴 전면부에 생기는 선
⑥	목뒷선	N.S.P에서 N.S.P를 연결한 선
⑦	목옆선	E.P에서 N.S.P를 연결한 선

3) 두상의 구역

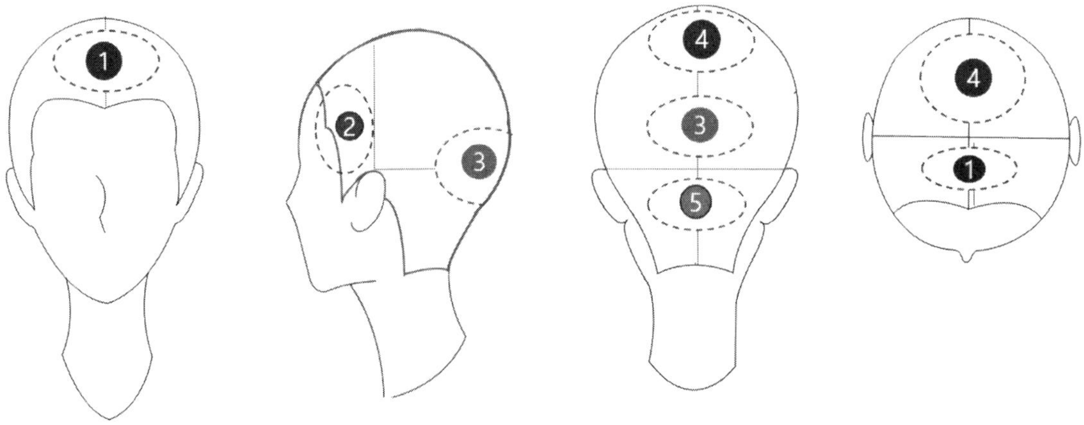

번호	약어	두상의 명칭
①	전두부(front)	두상의 앞쪽
②	측두부(side)	두상의 측면
③	후두부(back)	두상의 뒤쪽
④	두정부(crown)	두상에서 가장 높은 곳
⑤	네이프(nape)	후두부 아래쪽에서 목 윗쪽

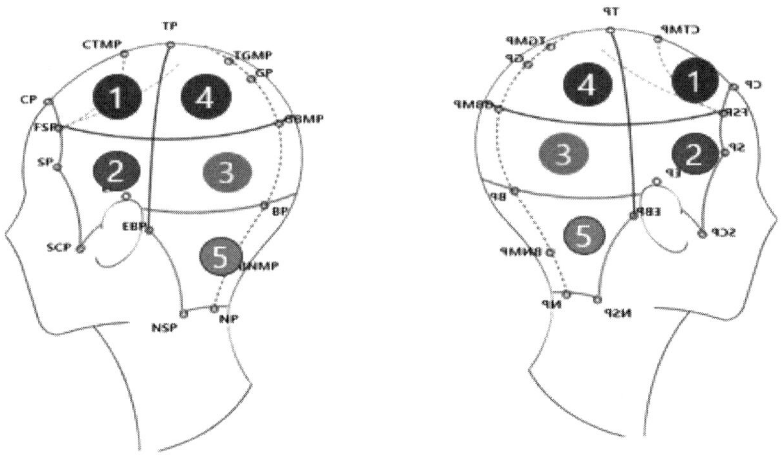

4) 두상의 영역

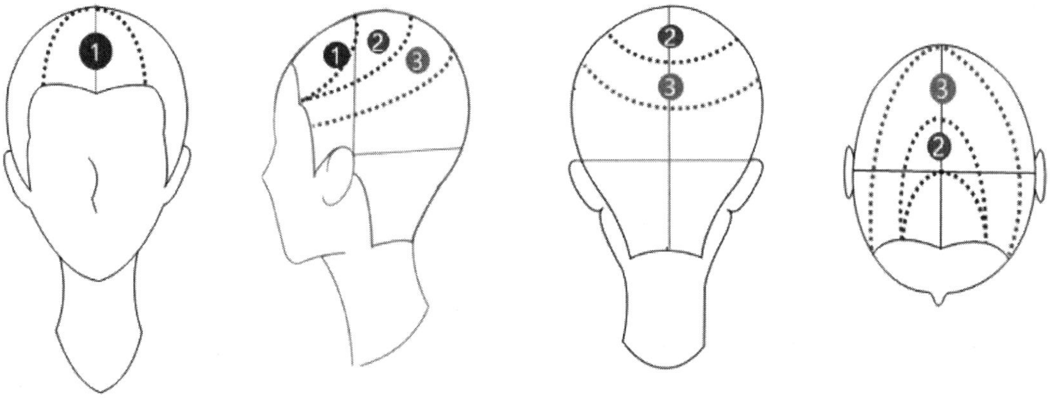

번호	약어	두상의 명칭
①	앞머리 영역(Front area)	F.S.P-T.P-반대편 F.S.P을 연결하여 나눈 앞부분 영역
②	U라인 영역(U line area)	말발굽형 블로킹으로 F.S.P-G.P-반대편 F.S.P을 연결하여 나눈 앞부분 영역
③	리셋션 영역(Recession area)	두상의 가장 넓은 부위를 연결하는 선

2. 커트의 4가지 기본형

모발을 커트한 절단면이 직선으로 나타나는 커트로 무겁고 딱딱한 느낌이 나는 커트를 말한다. 원랭스 커트, 그레주에이션 커트, 레이어 커트, 스퀘어 커트 등에 사용되는 일반적인 커트 방법이다.

원랭스 (솔리드, Solid)	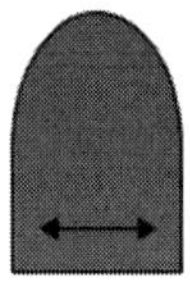	>0° 또는 >자연 시술각	- 무겁고 매끄러운 느낌 - 형태선에 무게감	
그레주에이션 (Graduation)	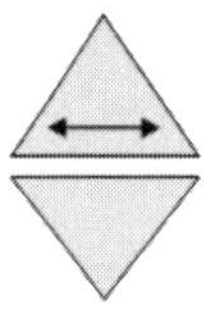	낮은 시술각 >1°~40° 이하 중간시술각 >45° 높은 시술각 >50°이상 ~ 89°	- 혼합된 느낌 - 시술각 위에 무게지역 위치	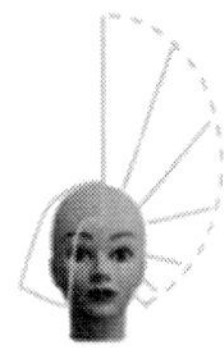
인크리스 레이어 (Increase layer)	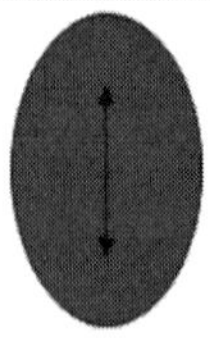	>0° >45° >90°	- 거친 느낌 - 이동, 고정 디자인 라인으로 변화	
유니폼 레이어 (Uniform layer)	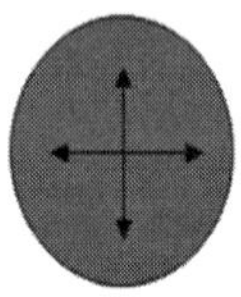	두상 곡면의 >90°	- 가볍고 활동적인 느낌 - 두상에 대해 동일한 길이	

1) 원랭스 커트(one length cut)

커트 디자인을 할 때 가장 먼저 접하게 되는 커트로서 두피에서 자연스럽게 내린 상태로서 자연시술각 0°로 커트되는 스타일이다. 동일선상에서 이어지는 선이 나타나며 모발 끝의 무게중심이 가장 아랫부분에 있게 되는 커트로서 전형적인 단발 스타일을 말한다. 모든 길이가 같은 위치에서 떨어지므로 단차(층)가 없어 무게감이 최대이다. 섹션의 슬라이스 라인에 따라 솔리드, 수평(Pararel), 스파니엘(Spaniel), 이사도라(Isadora), 머쉬룸(Mushroom) 커트 스타일로 구분한다.

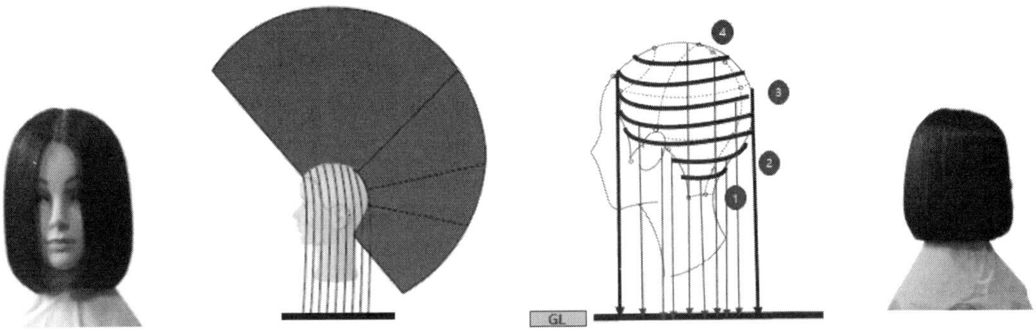

One length 평행, 솔리드(parallel, solid)

① **솔리드** : 섹션의 모양이 일직선인 수평단발 커트로 네이프에서 0°로 떨어져 시작되는 커트 선이 바닥과 평행인 스타일로 슬라이스 라인과 평행이 되도록 커트한다.

1. 파트	센터파트, 이어 투 이어
2. 블로킹	4등분
3. 앞뒤단차	0cm
4. 슬라이스 폭	1~2cm
5. 시술각	0° (자연시술각)
6. 섹션	수평
7. 베이스	오프 베이스
8. 분배	자연분배
9. 가이드 라인	고정 디자인라인(고정 가이드라인), 네이프 라인에서 길이 설정

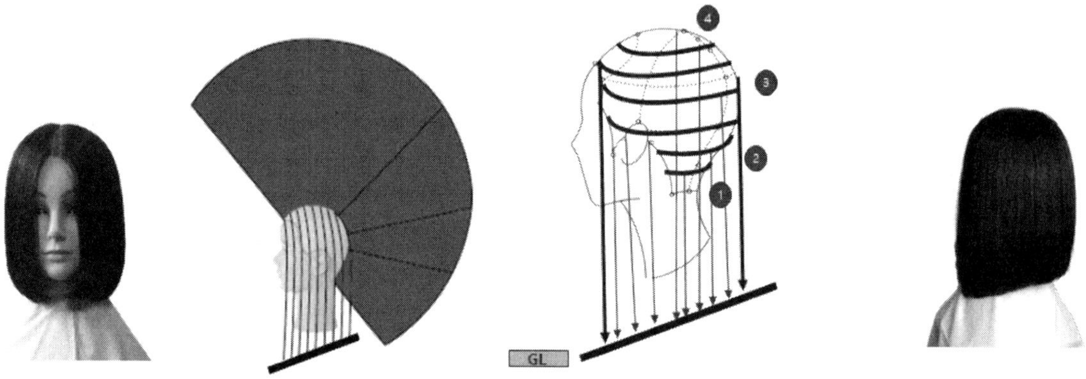

One length 스파니엘(Spaniel)

② **스파니엘** : 섹션의 모양이 A자형으로 커트로 네이프에서 0˚로 떨어져 시작되는 커트선이 앞쪽으로 진행될수록 길어져 컨케이브 라인이 형성되는 스타일이다.

1. 파트	센터파트, 이어 투 이어
2. 블로킹	4등분
3. 앞뒤단차	4~5cm
4. 슬라이스 폭	1~2cm
5. 시술각	0˚ (자연시술각)
6. 섹션	전대각
7. 베이스	오프 베이스
8. 분배	자연분배
9. 가이드 라인	고정 디자인라인(고정 가이드라인), 네이프 라인에서 길이 설정

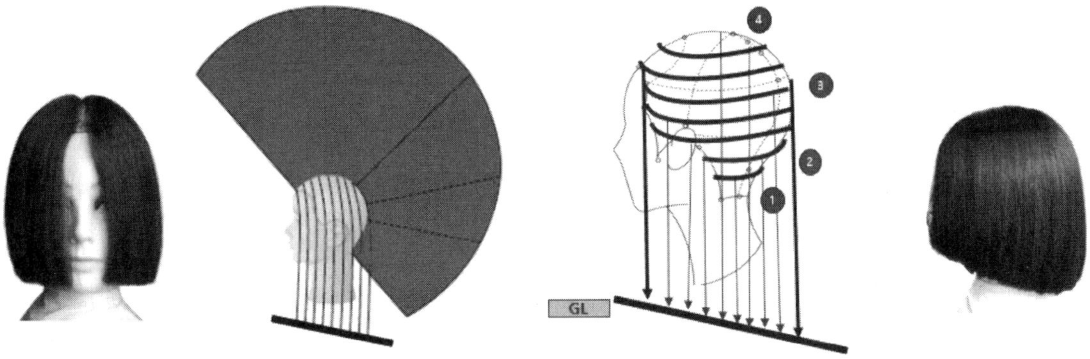

One length 이사도라(Isadora)

③ **이사도라** : 섹션의 모양이 U, V자형으로 된 커트로 네이프에서 0°로 떨어져 시작되는 커트 선이 앞쪽으로 진행될수록 짧아져 컨벡스 라인이 형성되는 스타일이다.

1. 파트	센터파트, 이어 투 이어
2. 블로킹	4등분
3. 앞뒤단차	0cm
4. 슬라이스 폭	1~2cm
5. 시술각	0° (자연시술각)
6. 섹션	후대각
7. 베이스	오프 베이스
8. 분배	자연분배
9. 가이드 라인	고정 디자인라인(고정 가이드라인), 네이프 라인에서 길이 설정

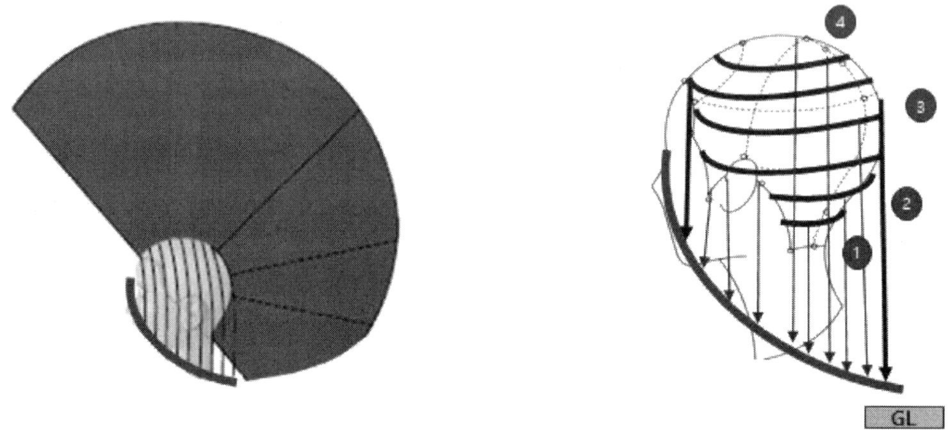

One length 머쉬룸(Mushrooms)

④ **머쉬룸** : 이사도라형의 U형으로 짧은 커트로 얼굴 정면의 짧은 가이드와 후두부의 머리끝이 연결되어 전체적으로 양송이 버섯모양으로 스타일이 형성된다.

1. 파트	노파트
2. 블로킹	2등분
3. 앞뒤단차	10cm
4. 슬라이스 폭	2~3cm
5. 시술각	0° (자연시술각)
6. 섹션	후대각
7. 베이스	오프 베이스
8. 분배	자연분배
9. 가이드 라인	고정 디자인라인(고정 가이드라인), 센터, 사이드, 네이프에서 길이 설정

2) 그래주에이션 커트(Graduation cut)

전체의 커트 디자인이 네이프(Nape)에서 두상의 탑(Top) 부분으로 올라갈수록 머리의 길이가 점점 길어지는 형태의 커트이다. 1 ~ 89°의 다양한 시술각에 의해 납작한 후두부 지역에 볼륨감을 연출 할 수 있는 장점이 있는데, 45° 중간 시술각의 미디엄(Medium) 그레주에이션을 중심으로 시술각도가 낮은 로우(Low) 그레주에이션과 시술각도가 높은 하이(High) 그레주에이션 스타일로 연출 할 수 있다.

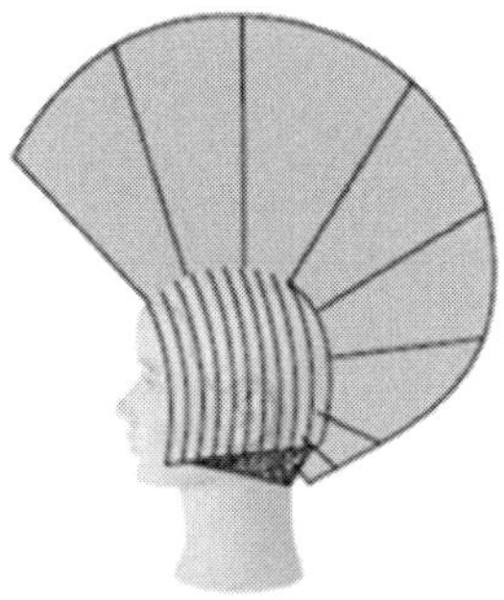

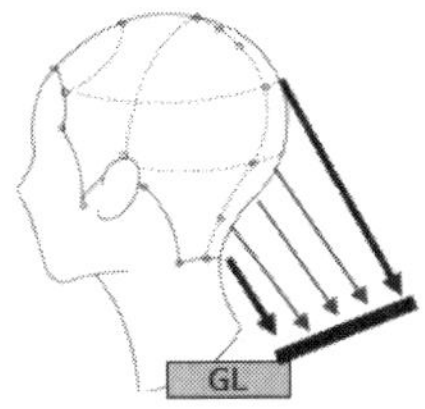

로우 그레주에이션 (Low graduation)

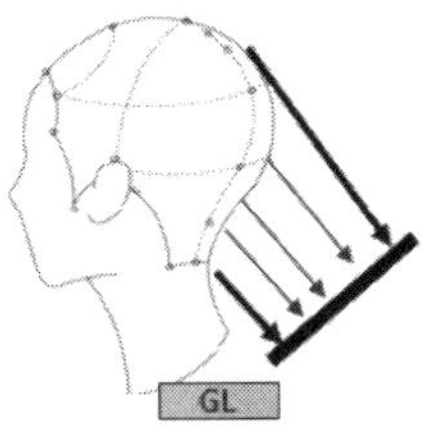

미듐 그레주에이션 (Medium graduation)

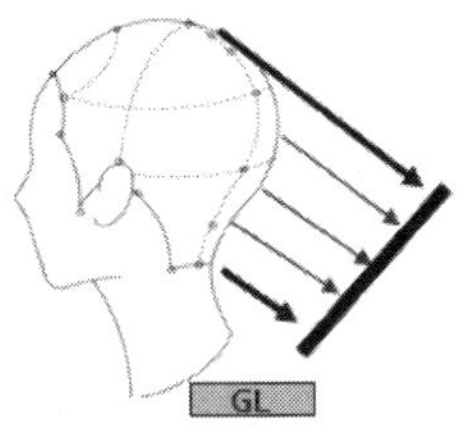

하이 그레주에이션 (High graduation)

1. 파트	센터파트
2. 블로킹	5등분
3. 층높이	낮은, 중간, 높은 단차 적용
4. 슬라이스 폭	2~3cm
5. 시술각	1~89° (자연시술각)
6. 섹션	수평, 전대각, 후대각
7. 베이스	온 더 베이스, 사이드 베이스
8. 분배	직각분배
9. 가이드 라인	고정 디자인라인, 이동 디자인라인

3) 인크리스 레이어 커트(Increase layer cut)

탑 부분에서 네이프(Nape)로 내려갈수록 머리의 길이가 점점 증가하는 형태의 커트로 방향, 움직임, 가벼움 등을 표현하기 위한 목적으로 사용된다. 네이프가 길어지면 탑의 볼륨과 네이프의 율동감이 함께 만들어지고 전체적으로 가벼워 보이고 층이 많이 생겨서 거친 질감이 표현되며 out line의 길이는 유지되면서 위쪽의 볼륨을 원하는 고객에게 적합한 커트 스타일이다. 커트의 길이, 각도, 디자인 라인에 따라서 여러 가지 다양한 스타일을 창출할 수 있으며 웨이브를 넣었을 때 우아한 스타일로 연출된다.

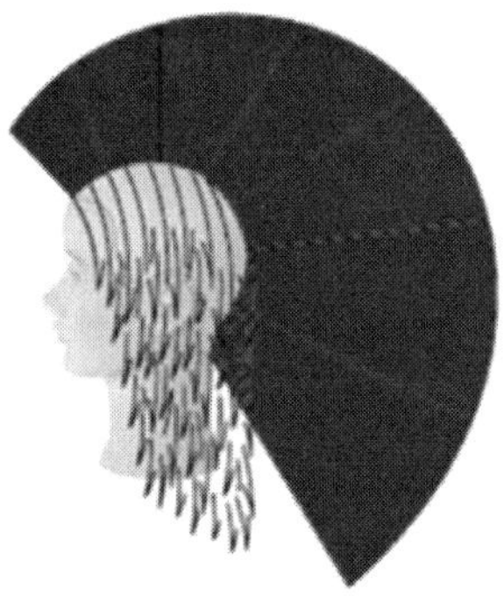

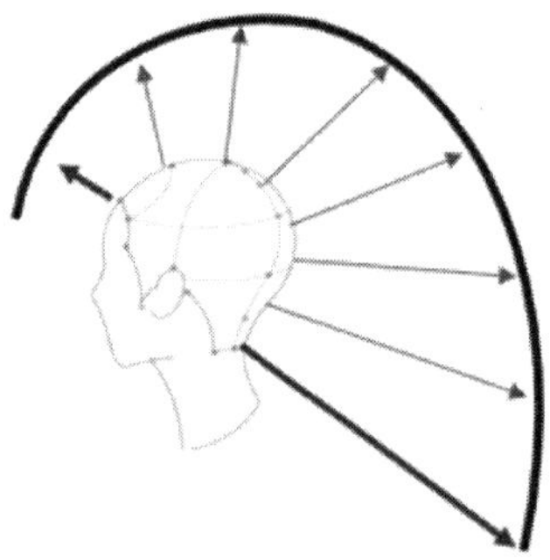

인크리스 레이어
(Increase layer)

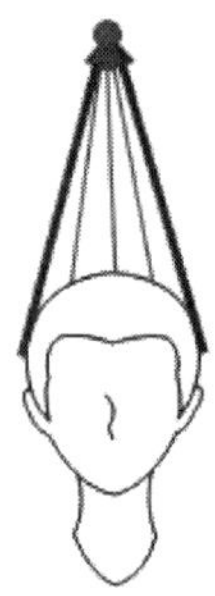

네추럴 인버젼
(Natural inversion)

1. 파트	노파트
2. 블로킹	5등분
3. 층높이	층의 연속
4. 슬라이스 폭	1~2cm
5. 시술각	120° (일반시술각)
6. 섹션	후대각
7. 베이스	온 더 베이스, 오프 더 베이스
8. 분배	직각분배, 변이분배
9. 가이드 라인	고정 가이드라인, 이동 가이드 라인

4) 유니폼 레이어 커트(uniform layer cut)

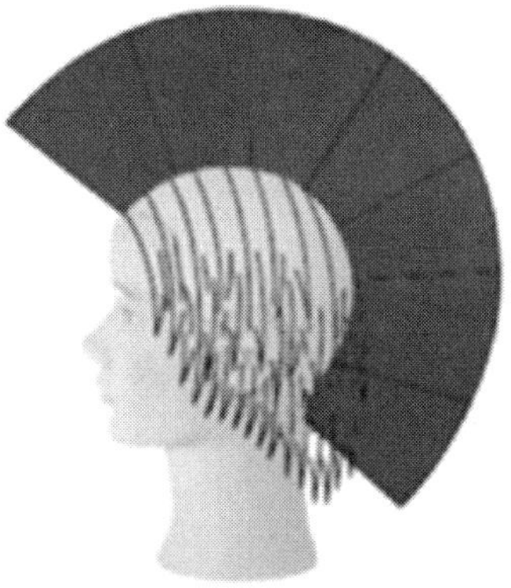

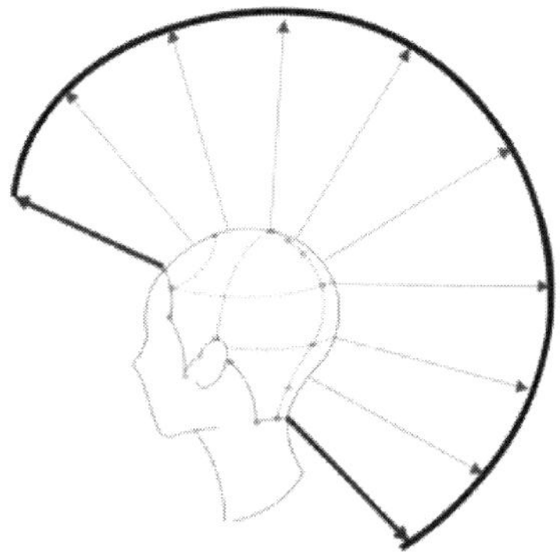

유니폼 레이어
(Uniform layer)

두상으로 부터 모두 90°의 각도로 들어서 커트하여 전체 모발의 길이가 같아지도록 연결하여 자르는 커트를 말한다. 볼륨을 조절 할 수 있는 이상적인 커트 형태로 모발의 길이에 따라서 전혀 다른 이미지로 응용이 가능하다. 모량이 많은 부분에 가벼움을 줄 수 있으며, 세임 레이어 라고도 한다.

1. 파트	노파트
2. 블로킹	5등분
3. 층높이	층의 연속
4. 슬라이스 폭	1~2cm
5. 시술각	90° (일반시술각)
6. 섹션	수평과 수직
7. 베이스	온 더 베이스
8. 분배	직각분배
9. 가이드 라인	이동 디자인라인

4장 헤어 커트 실습

원랭스 커트(One Length cut)

1. 원랭스 커트(솔리드)

학습내용 (단원명)	수업 목표
원랭스 헤어 커트하기	• 커트를 위해 필요한 도구를 사용할 수 있다. • 원랭스 솔리드 커트 형태로 커트할 수 있다. • 원랭스 솔리드 커트 형태를 마무리 할 수 있다.

학습 1. 헤어 커트 준비하기

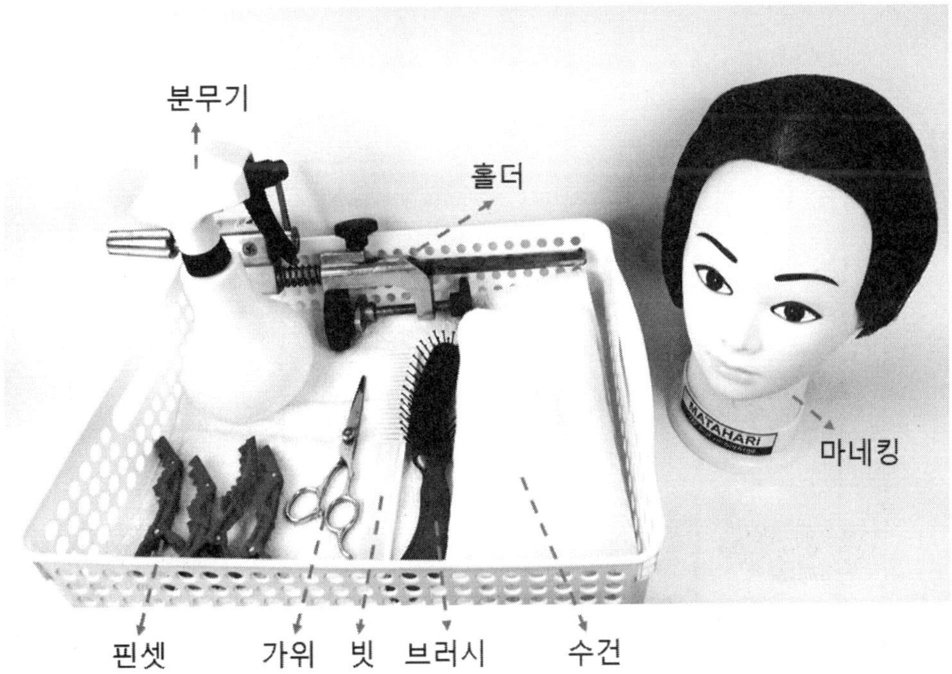

헤어 커트 준비물

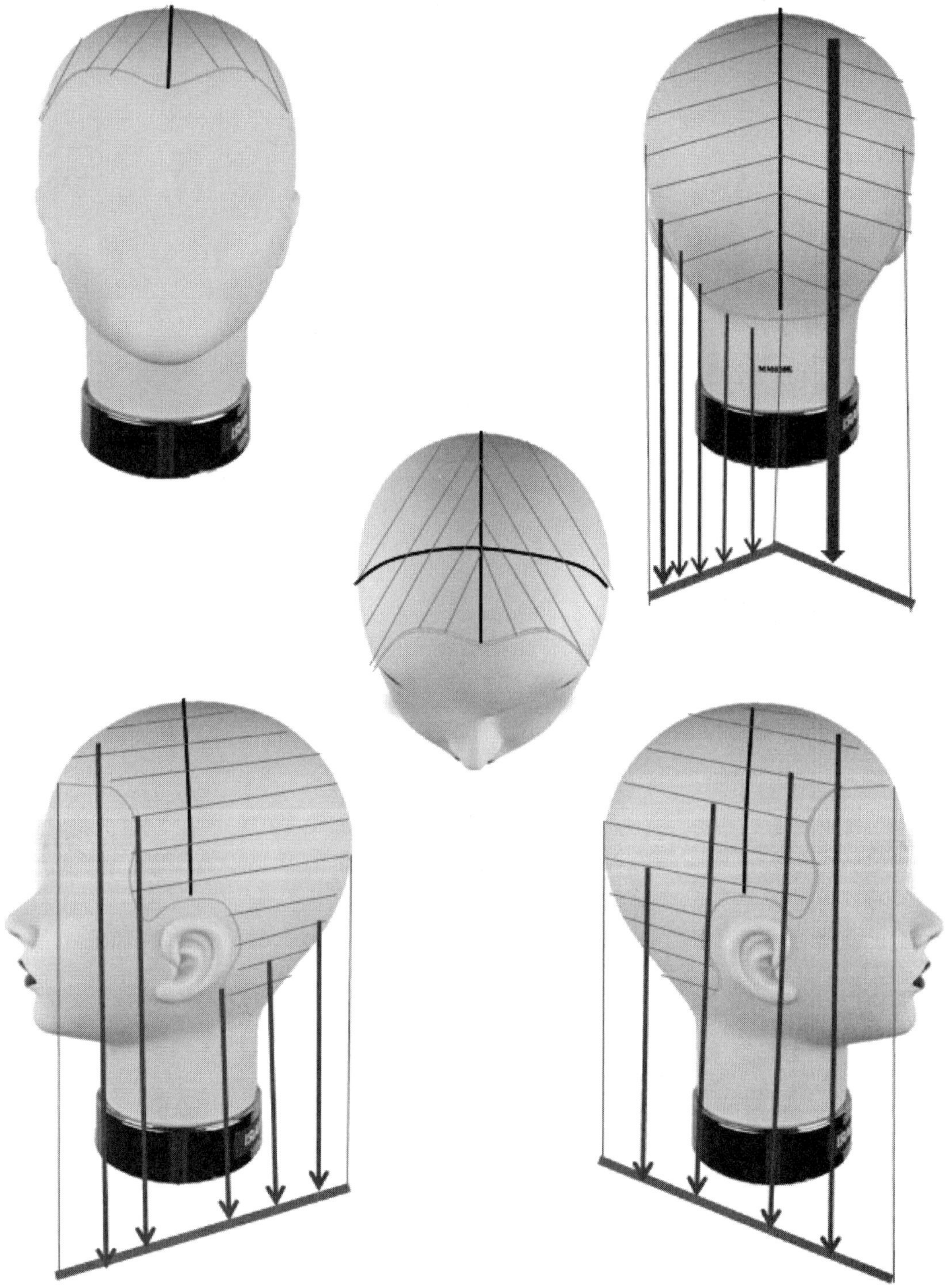

브로킹 섹션 빗질 디자인라인

실습명: **실습일:**

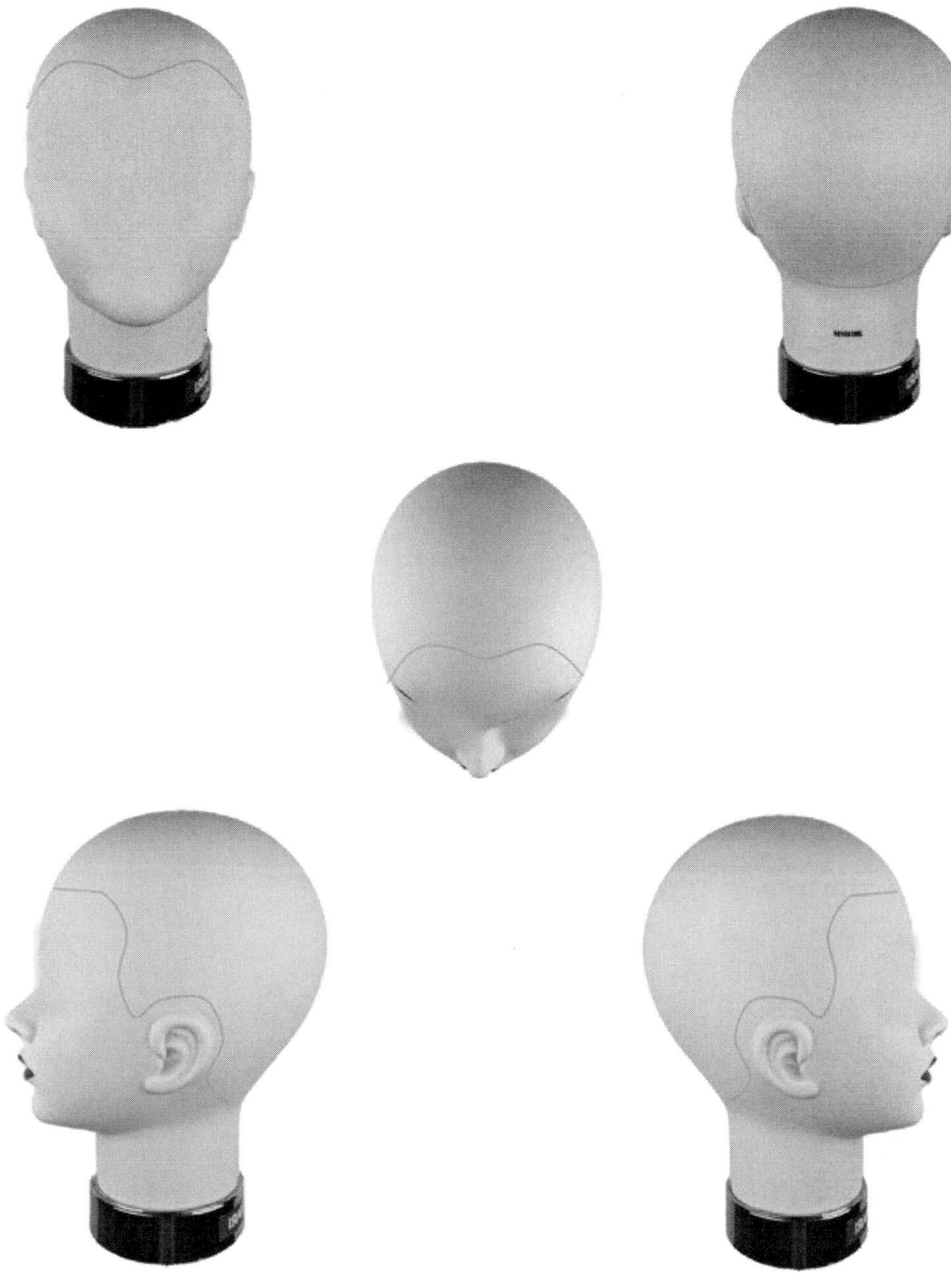

도해도 그리기

학습 2. 헤어 커트 진행하기

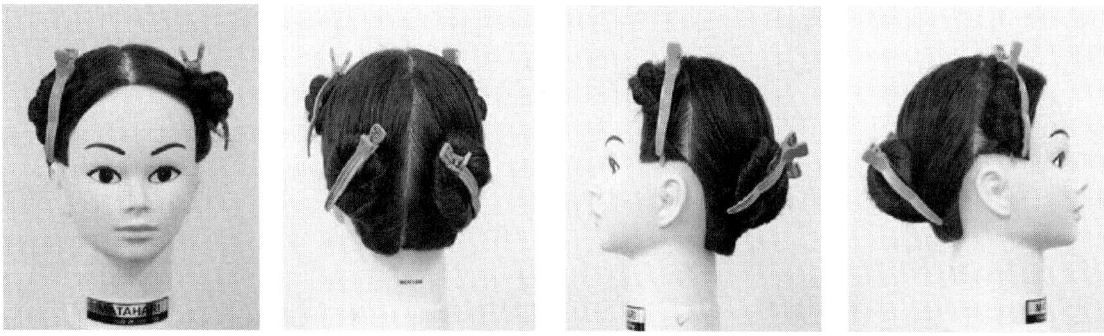

1. 4등분 브로킹 한다.

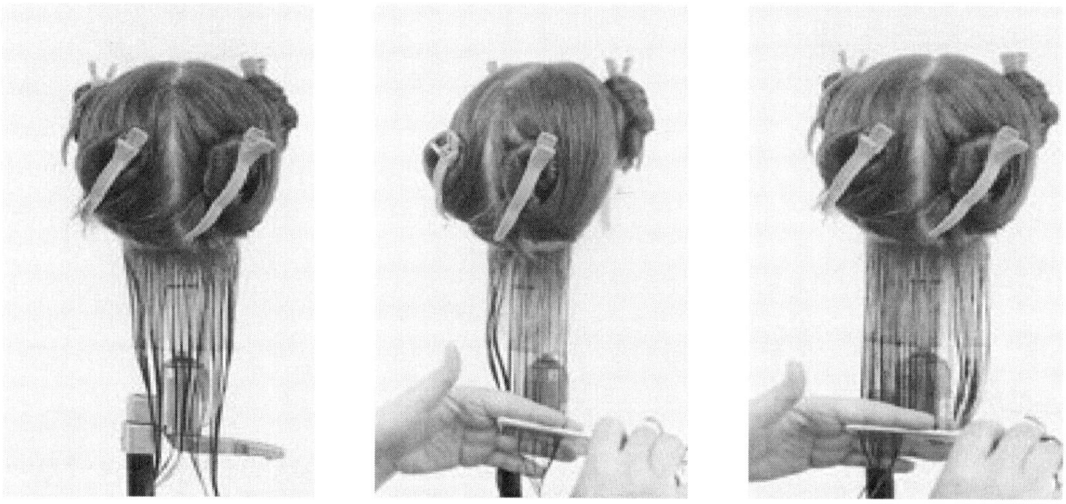

2. 1선 N.P 위 1cm 지점에서 수평 섹셔닝 한다.

3. N.P에서 0° 로 가이드(기준 길이)를 설정한다. 가이드에 맞추어 고정디자인으로 왼손, 가위가 수평섹션과 평행이 되도록 커트하고, 양쪽 길이가 동일하도록 맞춘다.

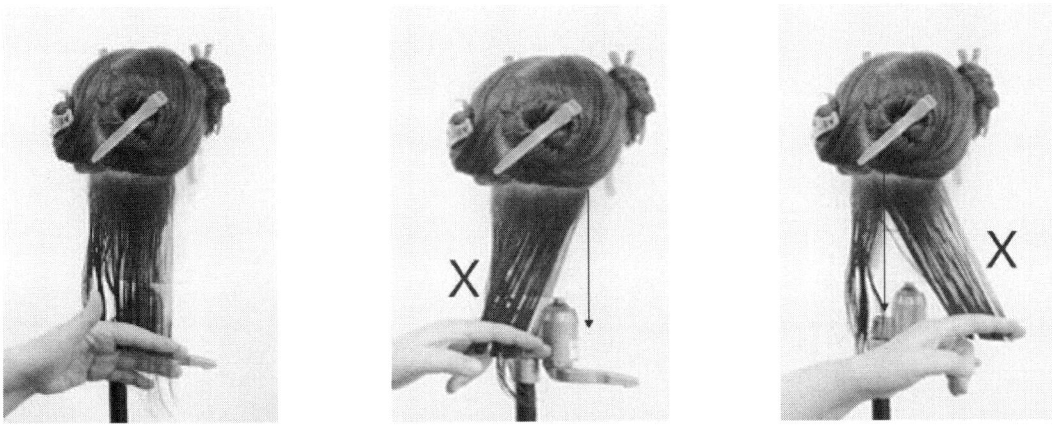

4. 2선 C.L 위로 1.5cm 수평 섹셔닝 한다. 수직 빗질하여 센터에서 부터 양쪽 동일 길이 커트 한다.

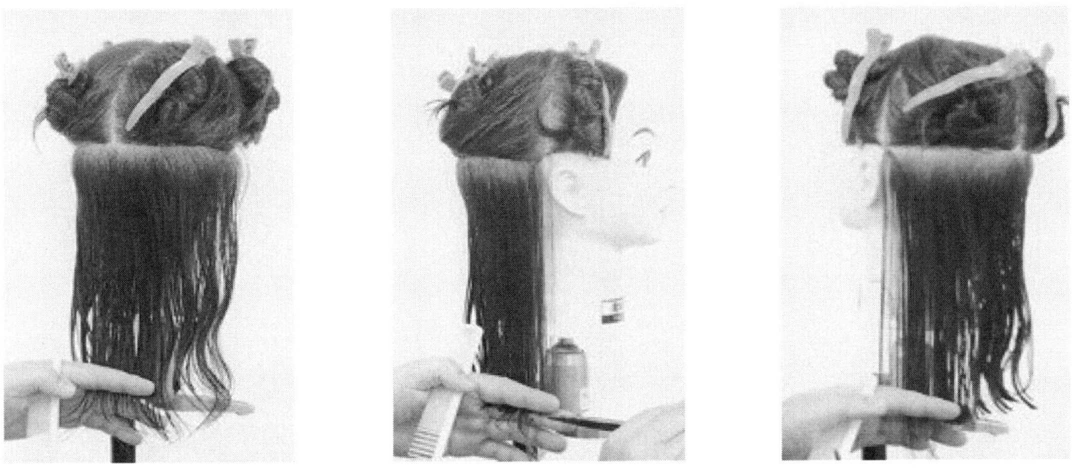

5. 3선 C.L 위로 2cm 수평 섹셔닝 한다. 몸의 위치는 양쪽으로 정확히 움직여 주고 빗질은 섹션에서 부터 수직 빗질한다. 4선 E-B-E 수평 섹셔닝 한다.

6. 양쪽 균일한 커트를 위해 몸은 커트하기 위한 위치로 이동하고 모발은 수직 빗질하여 고정 디자인한다. 5선은 양쪽 E.P 위로 2cm지점 수평 섹셔닝하고, 센터 라인부터 수직 분배하여 패널을 잡고 커트한다.

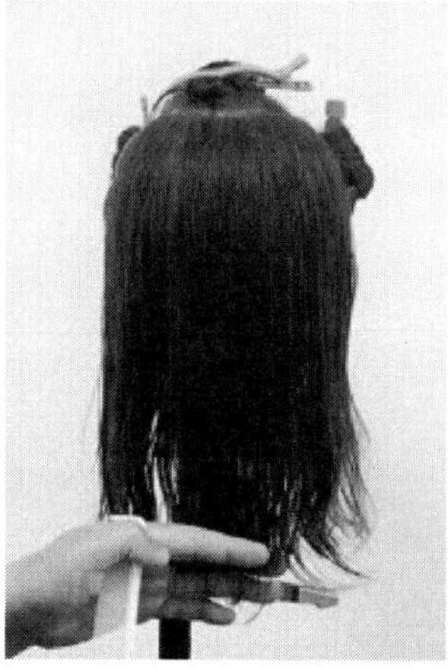
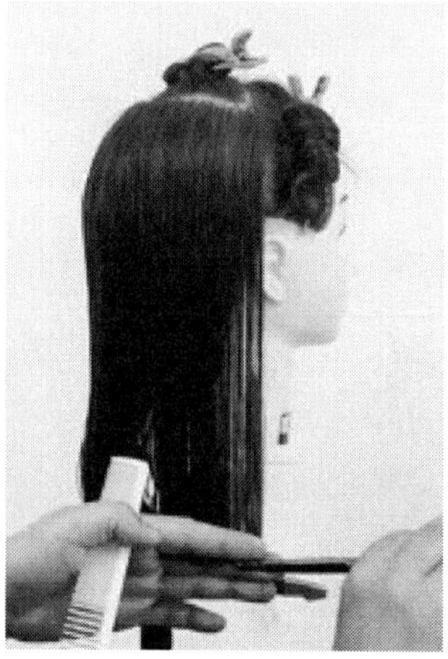
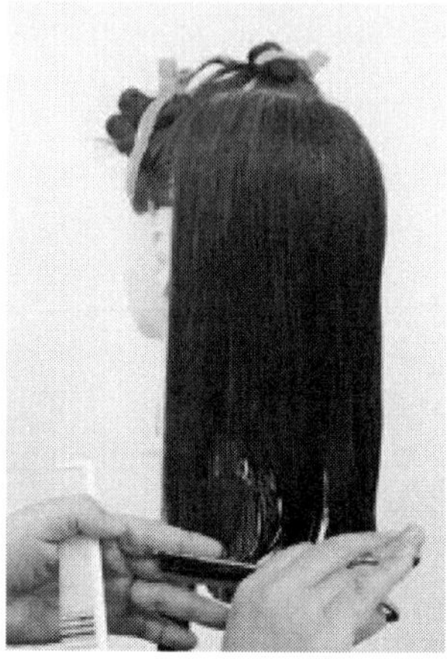

7. 가이드 라인에 맞추어 센터 라인부터 순서대로 커트한다. 양쪽 스트랜드를 안쪽으로 당기면 길어지고 바깥쪽으로 당기면 짧아지기 때문이다.

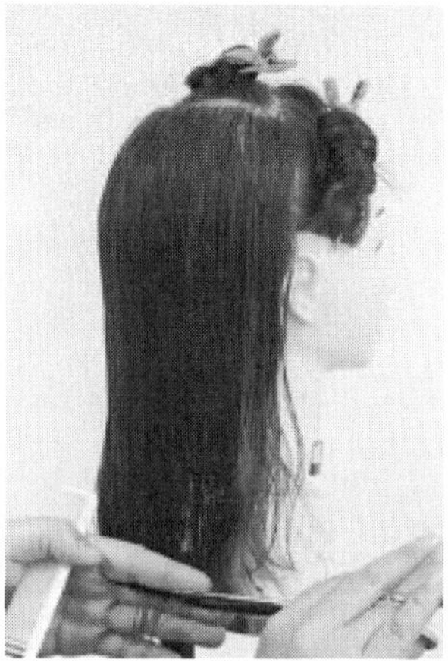
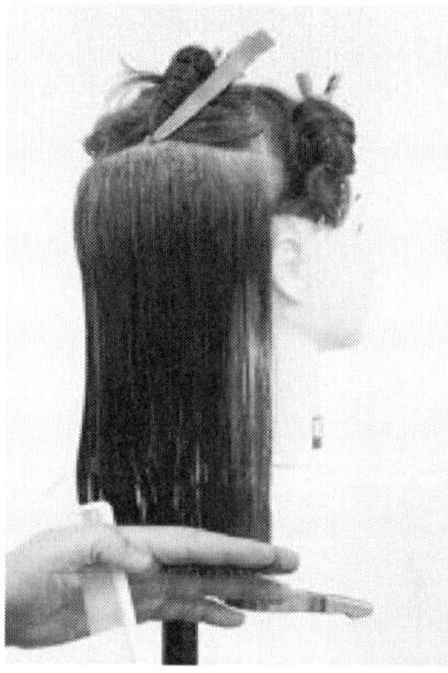
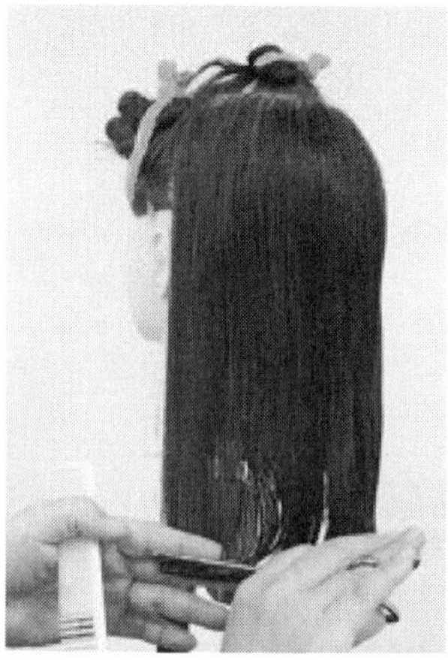

8. 고정디자인 직각 분배하여 커트한다. E.P 위로 2.5cm 지점에서 6선 수평 섹셔닝 한다. 고정디자인, 직각분배를 위해 반듯하게 수직 빗질하여 패널을 잡고 커트한다.

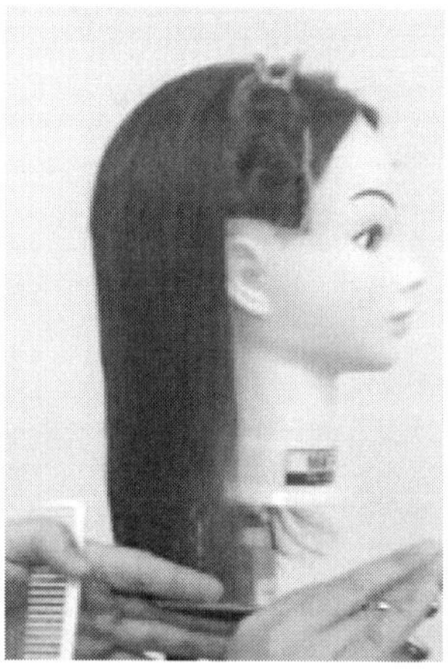
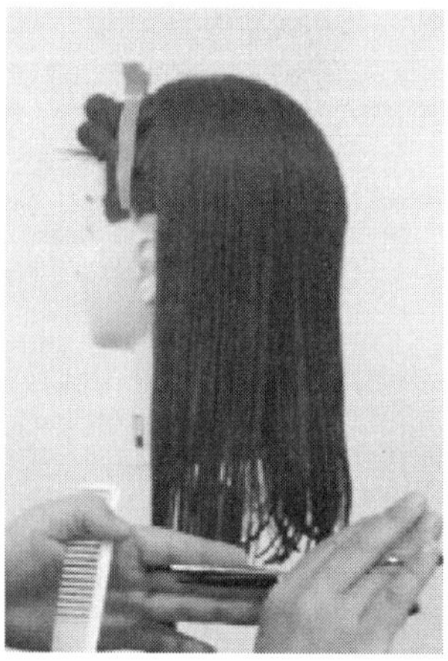

9. 후두부 모발을 모두 내려서 방사선 섹션 빗질한다.

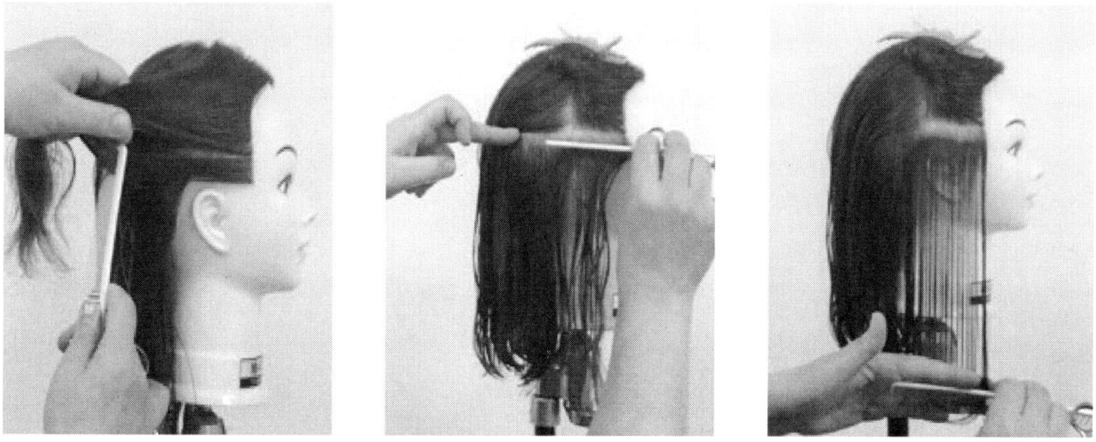

10. 사이드의 모발을 잡고 후두부로 방향성 빗질을 해준다. 사이드 1선은 1cm 수평 섹셔닝 한다. 1선의 가이드 설정을 위해 동일선상의 수평 섹셔닝하여 후두부 가이드를 찾는다.

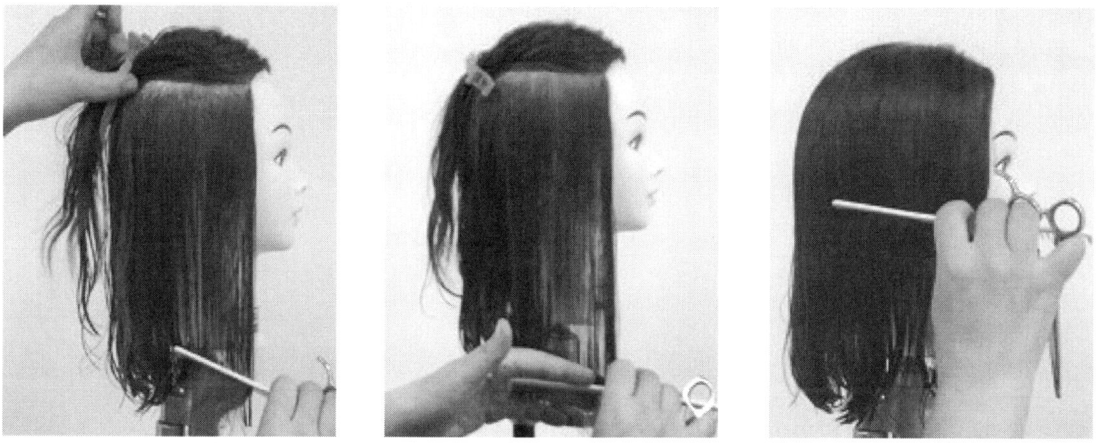

11. 뒤쪽과 1선의 가이드를 정확히 맞추어 0°로 수평 커트한다. 2선과 3선 동일하게 진행한다.

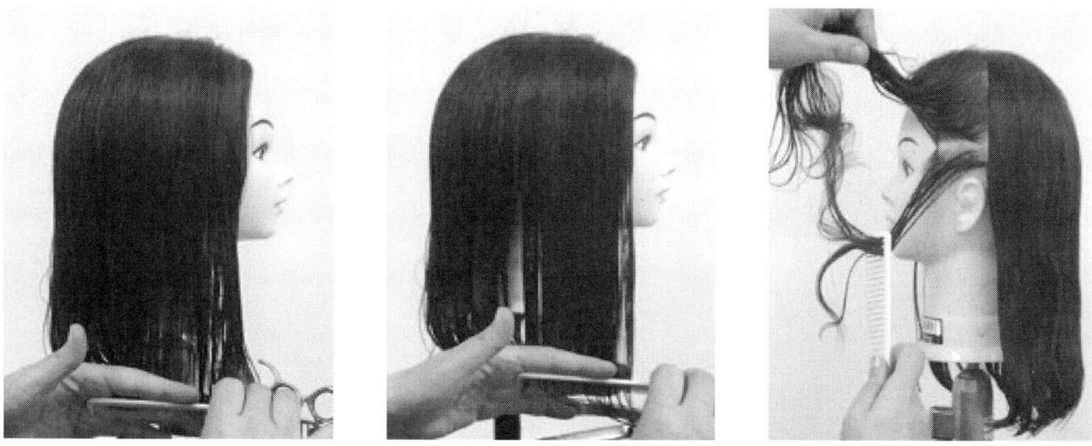

12. 오른쪽 사이드의 모든 머리를 수직 빗질하여 동일선상에서 수평 커트한다. 왼쪽 사이드 오른쪽과 동일하게 커트 한다.

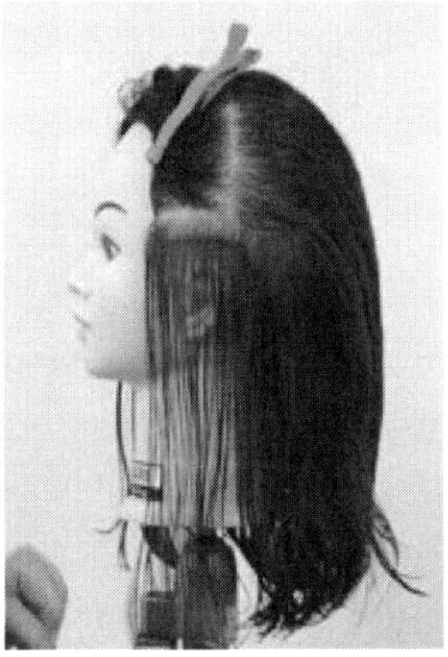
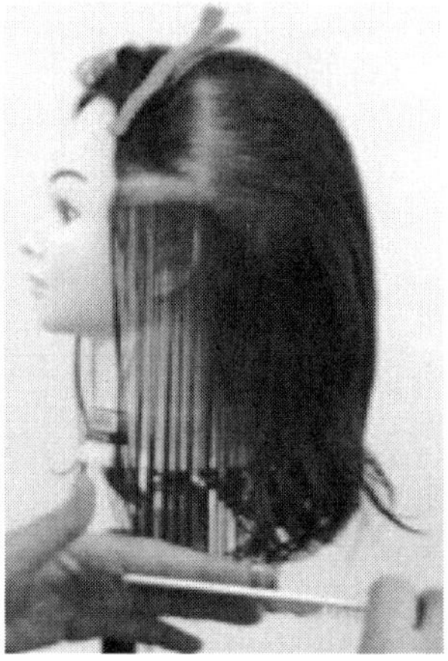

13. 양쪽 동일한 길이를 찾기 위해서 오른쪽 S.C.P 모발을 정중앙으로 가져와서 가이드를 설정한다. 동일 선상의 가이드 연결하여 수평 커트한다.

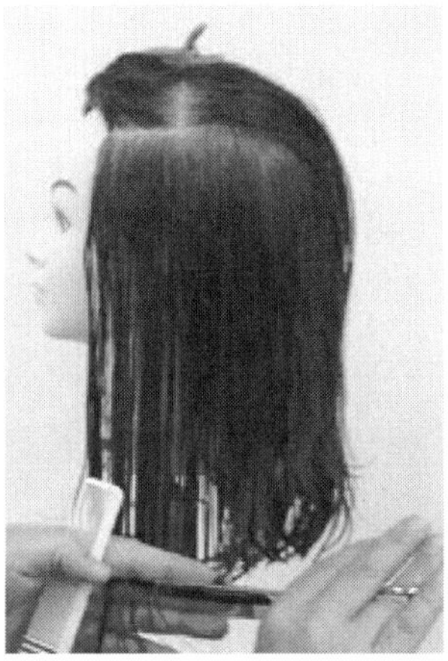
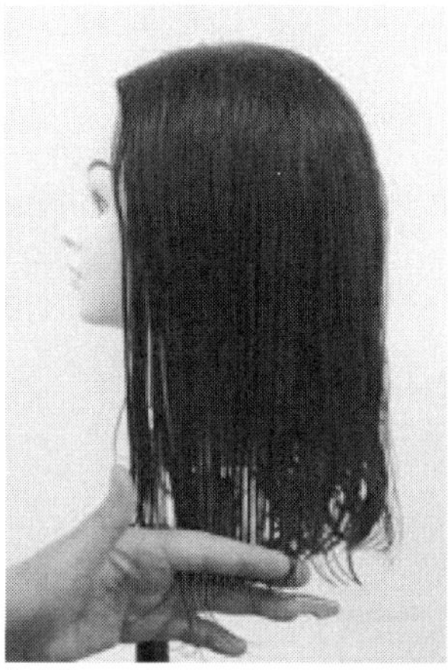
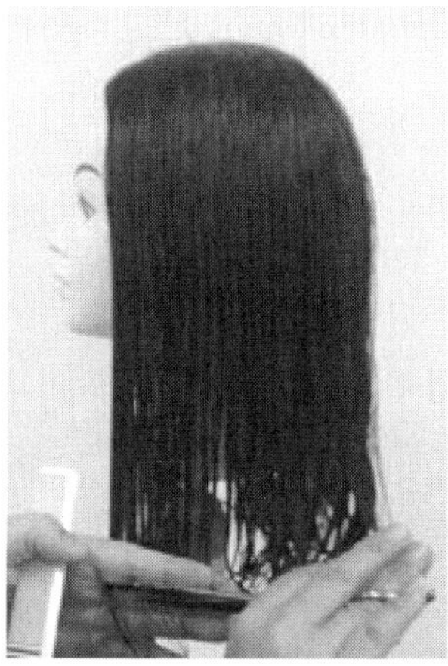

14. 뒤쪽과 아래쪽에서 가이드를 찾고 뒤쪽부터 동일선상에서 수평 커트한다. 전체 모발 수직 빗질하여 수평 커트한다.

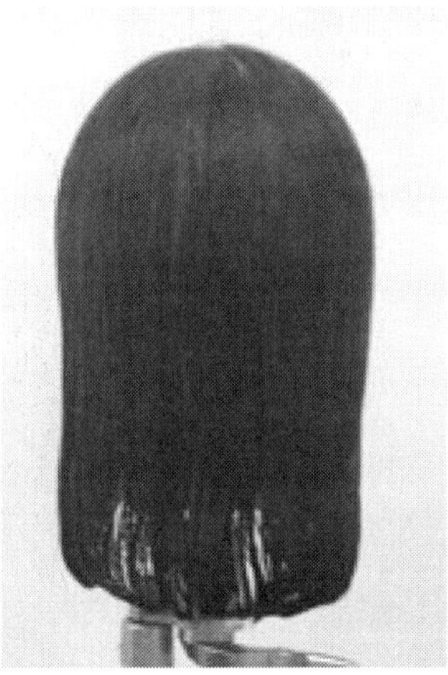

15. 사이드를 비롯한 모든 커트가 완성되었고, 수직 빗질한다.

학습 3. 헤어 커트 마무리하기

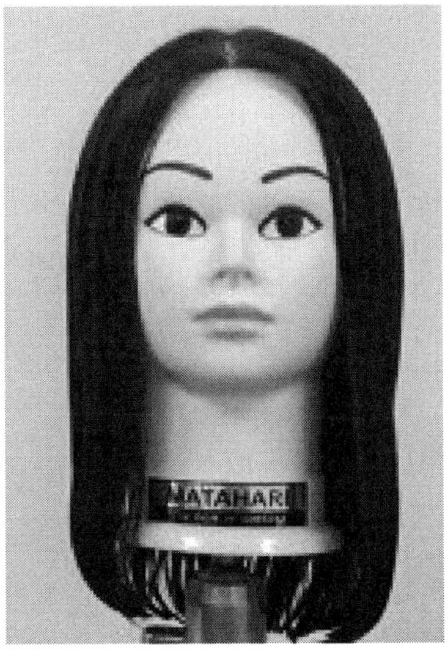	
정면	후면
	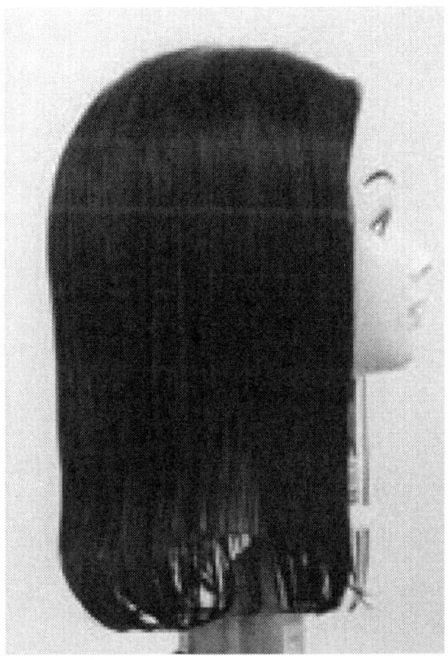
좌측면	우측면

학습 4. 헤어 커트 마무리하기(마무리 스타일링)

정면	후면

좌측면	우측면

평가 1. 실습 사진을 부착하시오.

정면	후면
좌측면	우측면

평가 2. 학습 내용에 대한 장점, 단점, 느낀점을 작성하시오.

장점 · 단점	
느낀점	
교수자 피드백	

2. 원랭스 커트(스파니엘)

학습내용 (단원명)	수업 목표
원랭스 헤어 커트하기	• 커트를 위해 필요한 도구를 사용할 수 있다. • 원랭스 스파니엘 커트 형태로 커트할 수 있다. • 원랭스 스파니엘 커트 형태를 마무리 할 수 있다.

학습 1. 헤어 커트 준비하기

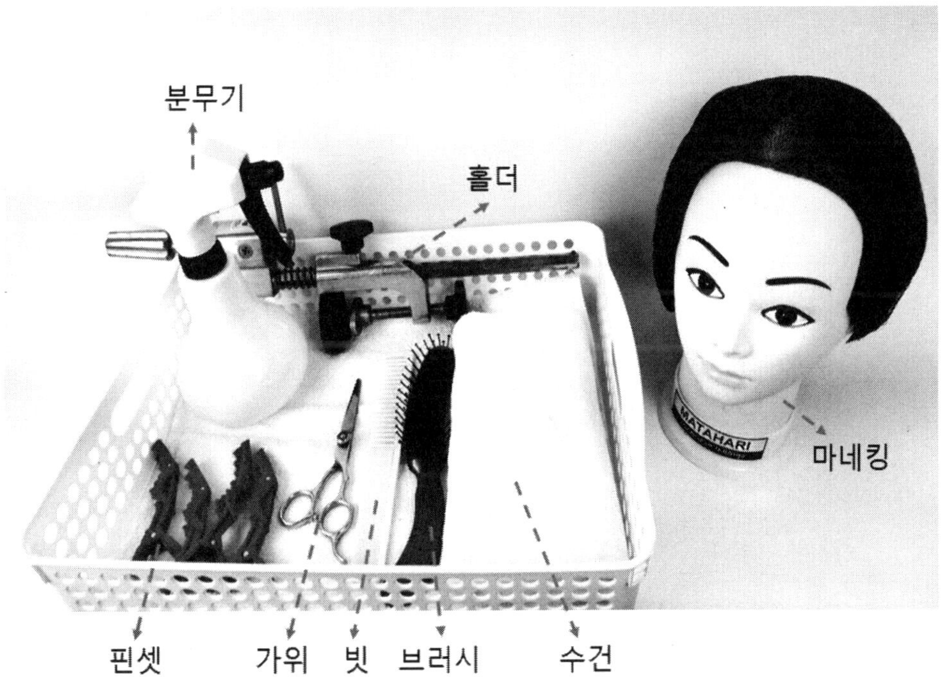

헤어 커트 준비물

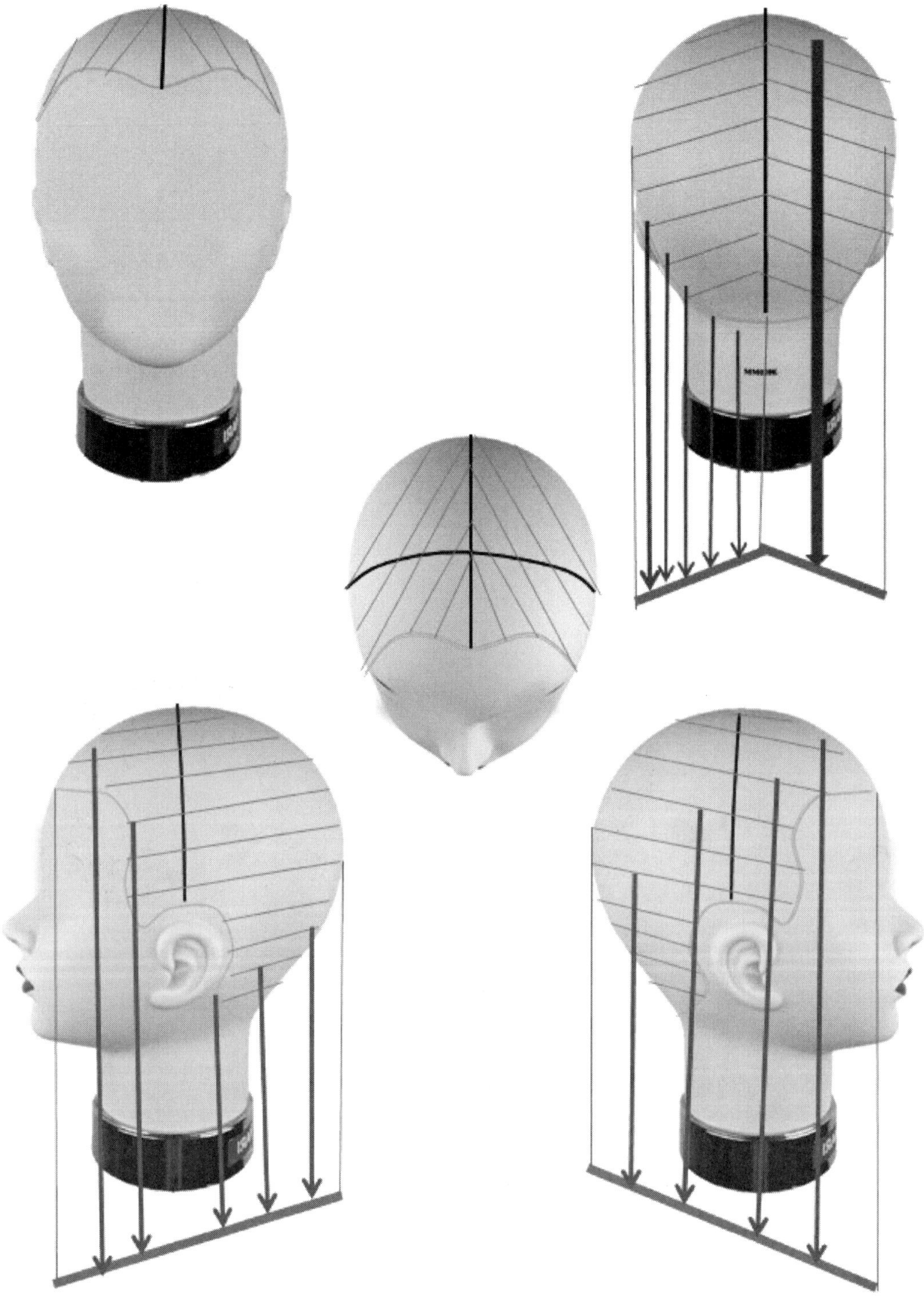

—— 브로킹 —— 섹션 ——> 빗질 —— 디자인라인

실습명: **실습일:**

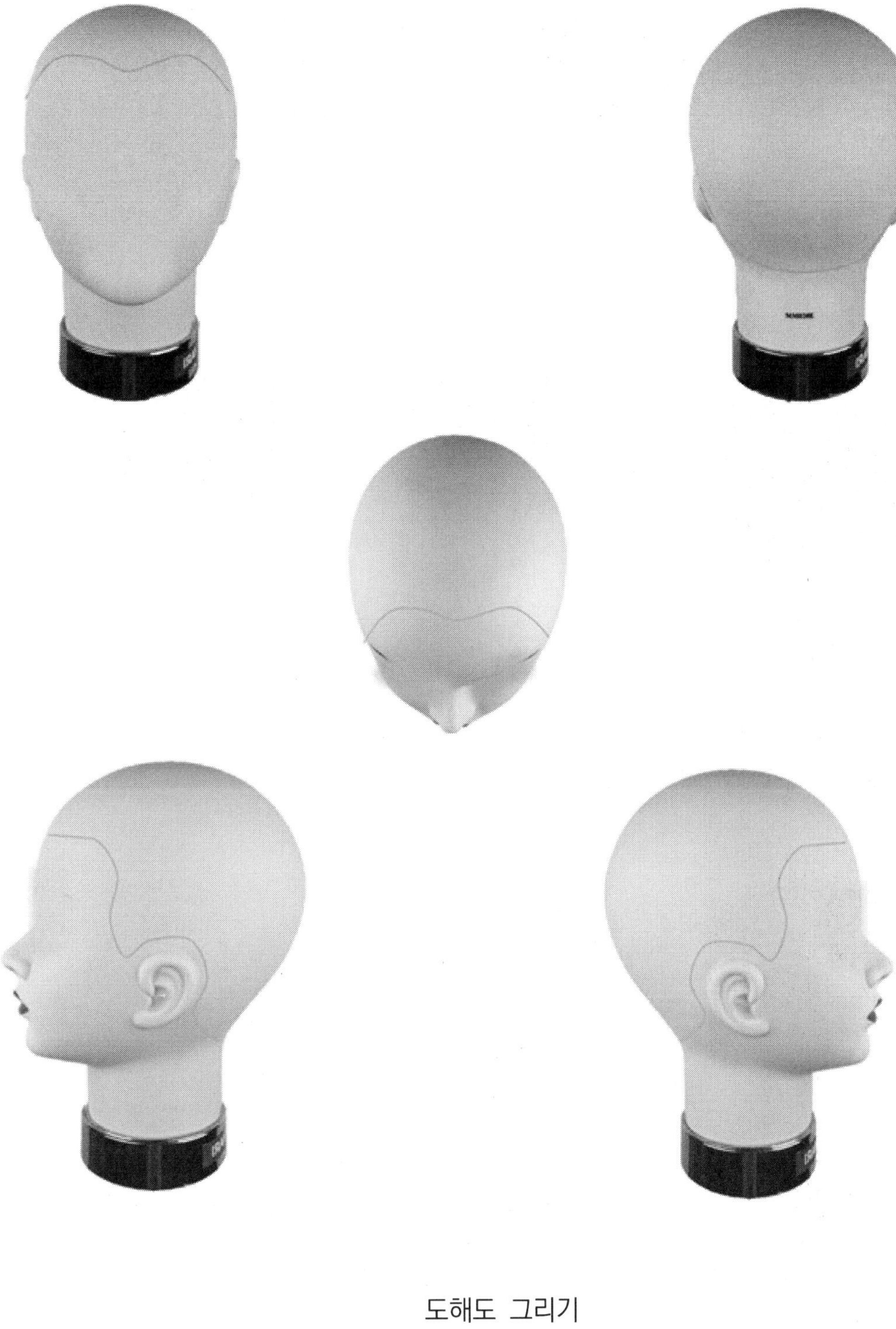

도해도 그리기

학습 2. 헤어 커트 진행하기

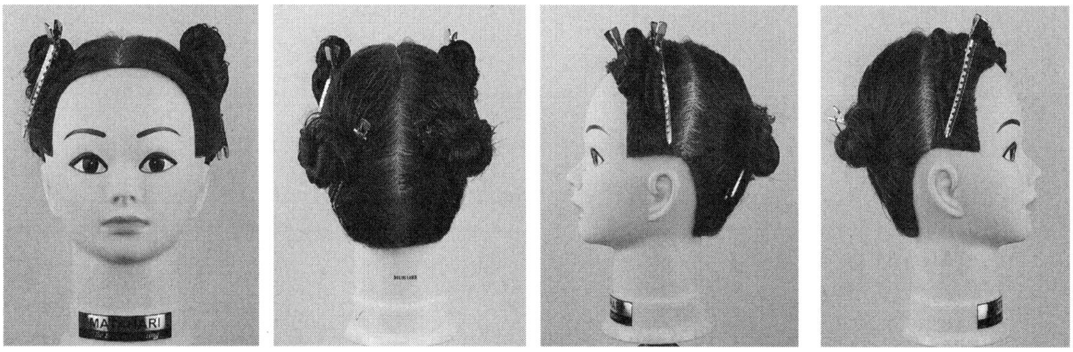

1. 4등분 브로킹 한다.

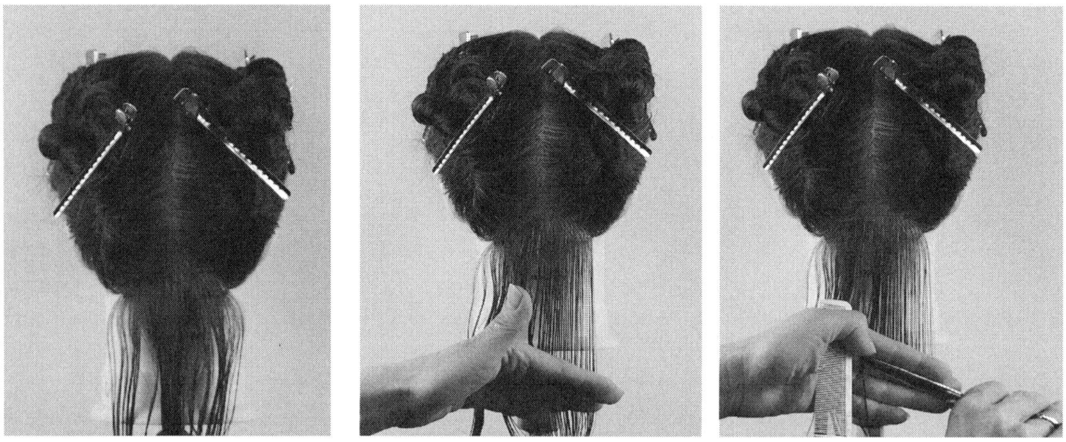

2. 1선 N.P 위로 1.5cm, 양쪽 N.S.P 를 연결한 전대각 섹셔닝 한다.
   N.P에서 가이드 라인을 정하고 섹션과 평행으로 블런트 커트한다.

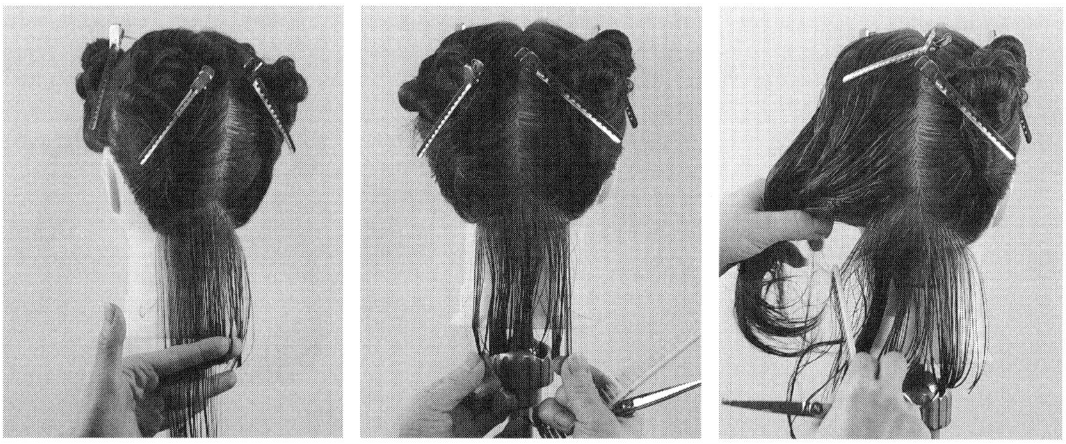

3. 커트된 오른쪽을 보면서 왼쪽도 전대각 커트한다. 양쪽이 동일한지 체크하면서 각도를 들지 않고 0° 로 고정 디자인하여 커트하고, 2선 1.5cm 위로 올라가서 전대각 섹셔닝 한다.

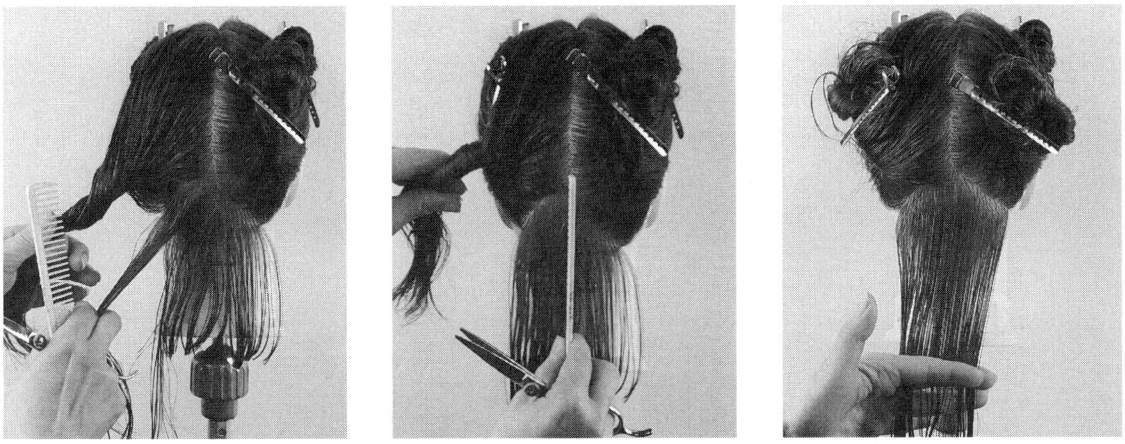

4. 양쪽 동일한 길이를 커트하기 위해서는 섹션이 정확하게 대칭을 이뤄야 하며, 모발을 비틀어 섹션이 정확한지 확인하도록 한다.

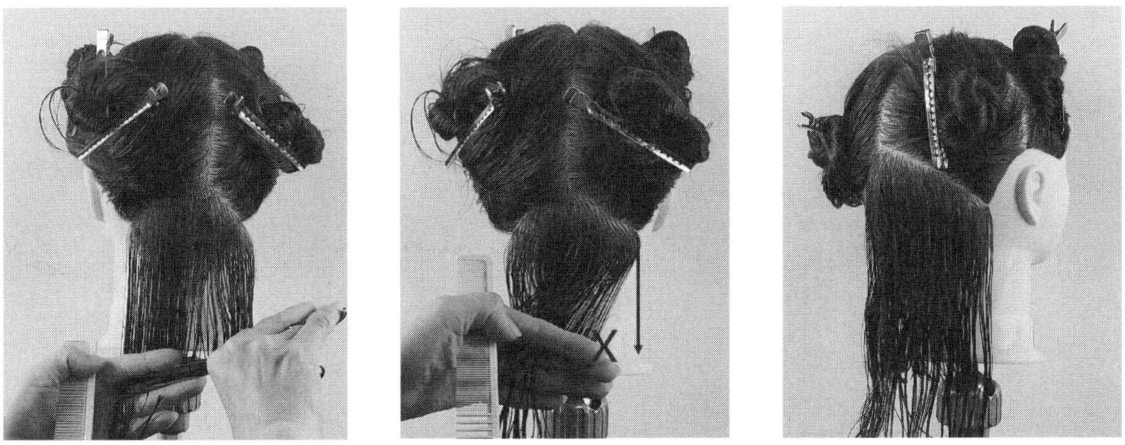

5. 1선의 가이드 라인에 맞춰서 2선도 전대각 블런트 커트한다. 모발을 가운데로 당겨 잡으면 길이의 변화와 지나친 경사가 생기기 때문에 0° 로 고정 디자인하여 커트한다.

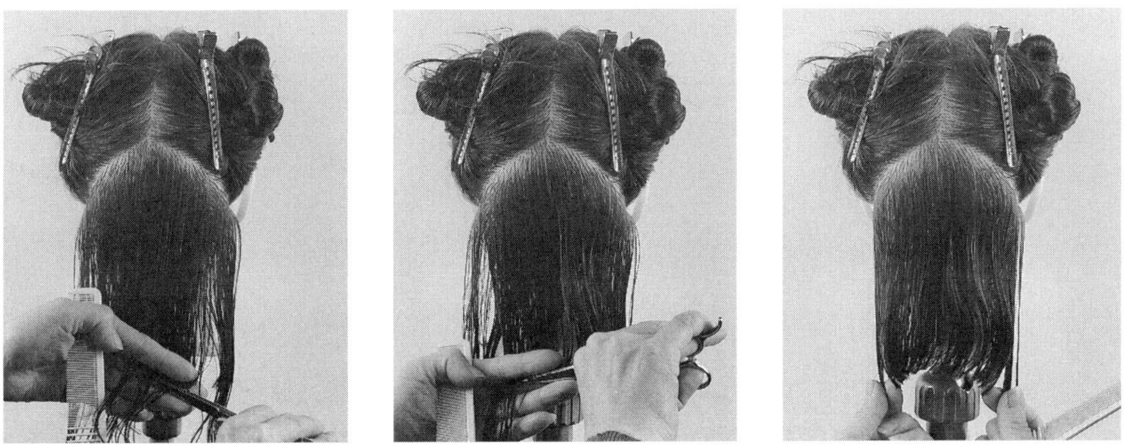

6. 2선과 3선 모두 섹션과 평행, 고운살로 빗질하고 텐션있게 판넬을 잡고 전대각 커트한다.

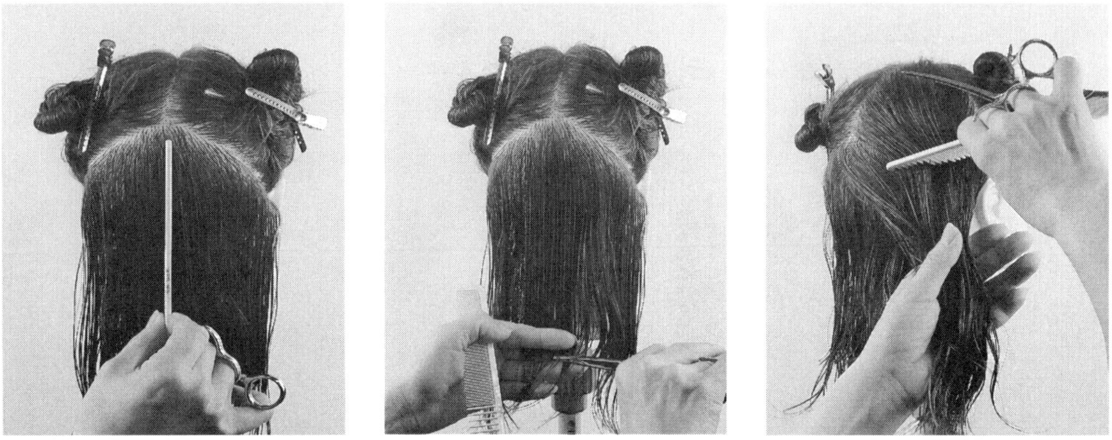

7. 3선의 커트가 진행되면 양쪽의 길이와 경사가 동일한지 확인하고 4선도 전대각 섹셔닝 한다.

8. 넓은 백(back) 지역은 판넬을 더 자주 잡아서 커트하고 안으로 혹은 바깥으로 당기지 않도록 주의하여 고정 디자인 전대각 커트한다.

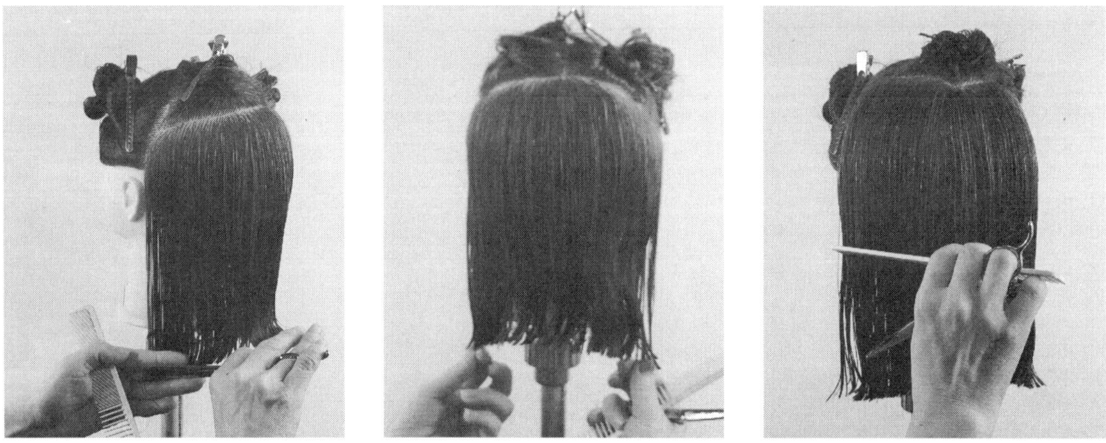

9. 두상에서 다시 좁아지는 두정부(crown) 지역은 두상을 고려한 방사선 빗질하여 고정 디자인 전대각 커트한다.

10. 후두부 전대각 커트가 완성되면, 사이드 E.P위로 1.5cm와 S.C.P를 연결하는 전대각 섹셔닝 한다.

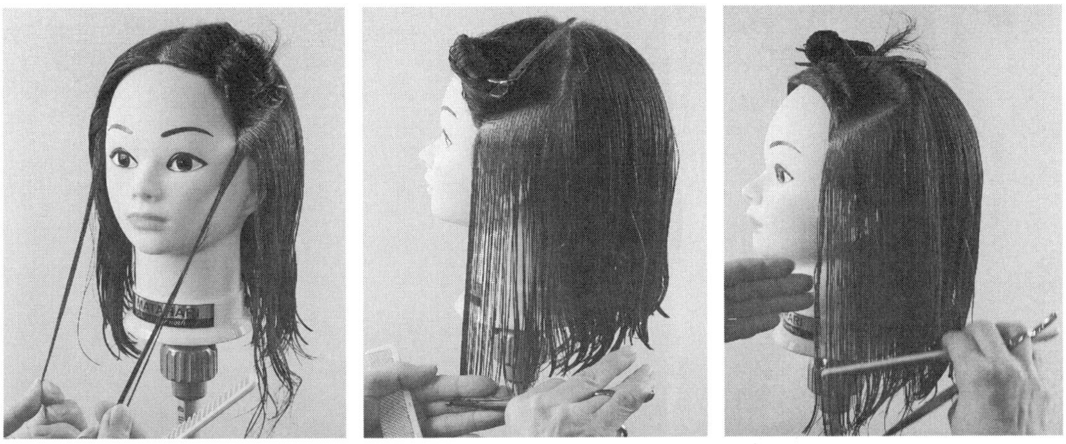

11. 후두부의 동일선상의 가이드라인에 맞춰서 전대각 고정디자인 커트한다. 반대편 사이드도 동일하게 커트한다.

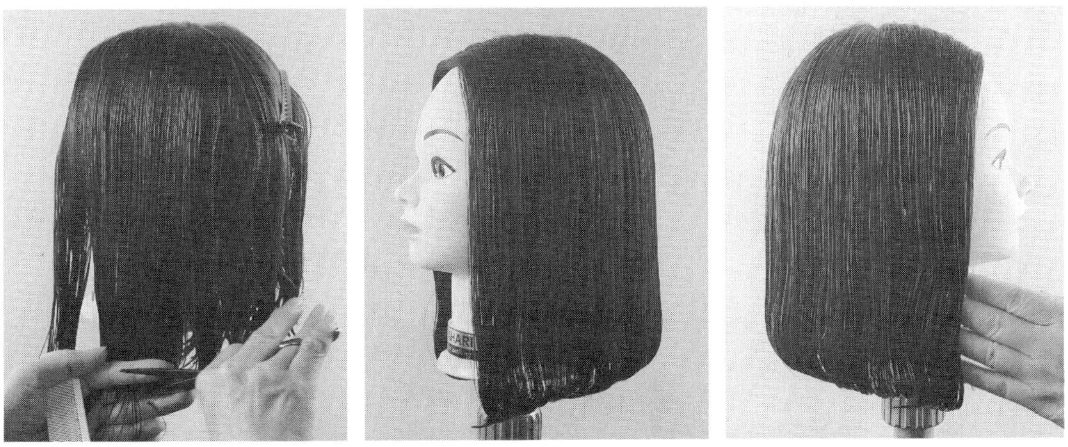

12. 가운데 가르마를 중심으로 탑에서 부터 내려 빗질하여 체크 커트한다, 단차 4cm와 양쪽 동일하게 대칭을 이루는지 확인하여 마무리 한다.

학습 3. 헤어 커트 마무리하기

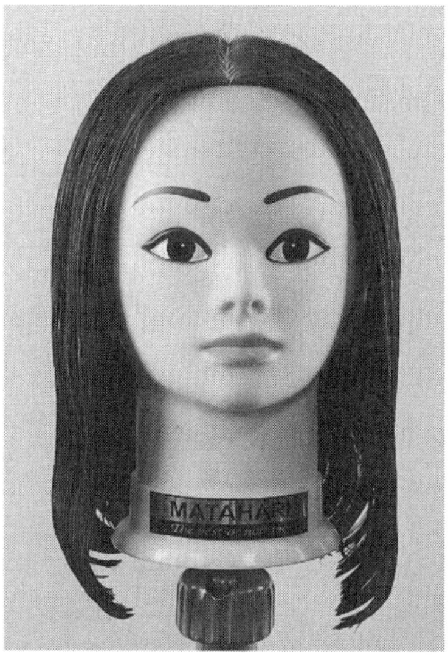

정면

후면

좌측면

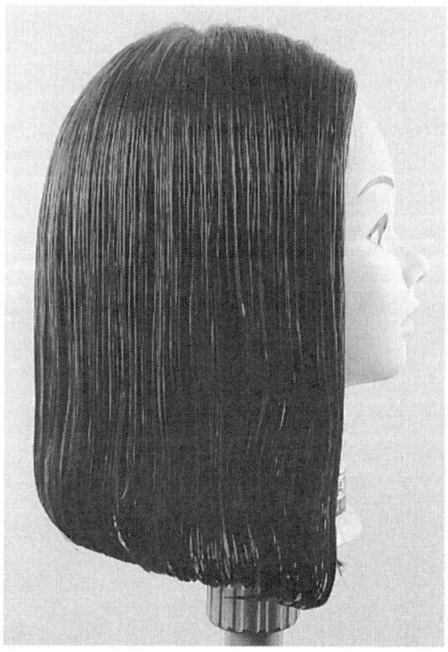

우측면

학습 4. 헤어 커트 마무리하기(마무리 스타일링)

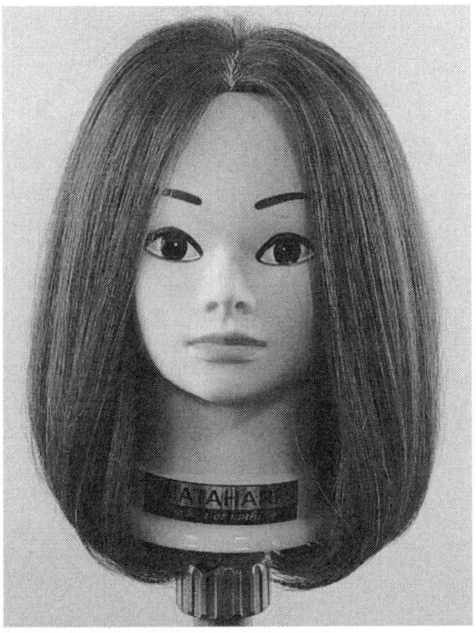

정면

후면

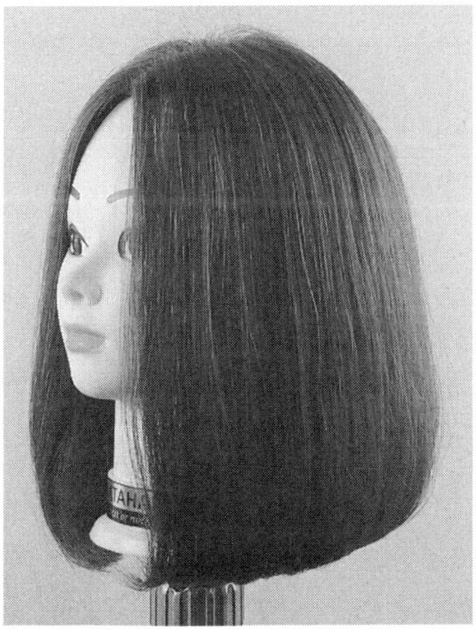

좌측면

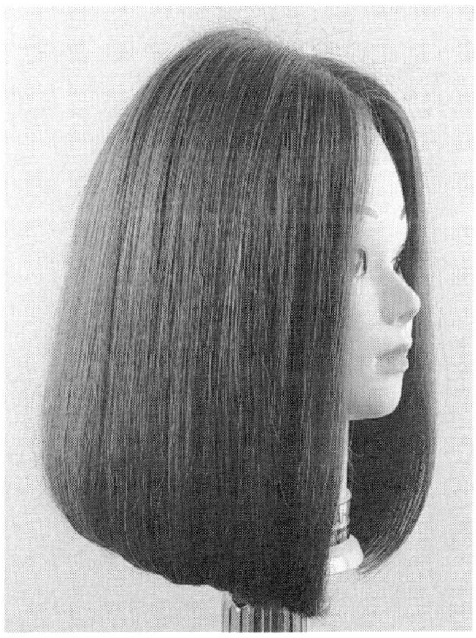

우측면

평가 1. 실습 사진을 부착하시오.

정면	후면
좌측면	우측면

평가 2. 학습 내용에 대한 장점, 단점, 느낀점을 작성하시오.

장점 · 단점	
느낀점	
교수자 피드백	

3. 원랭스 커트(이사도라)

학습내용 (단원명)	수업 목표
원랭스 헤어 커트하기	• 커트를 위해 필요한 도구를 사용할 수 있다. • 원랭스 이사도라 커트 형태로 커트할 수 있다. • 원랭스 이사도라 커트 형태를 마무리 할 수 있다.

학습 1. 헤어 커트 준비하기

헤어 커트 준비물

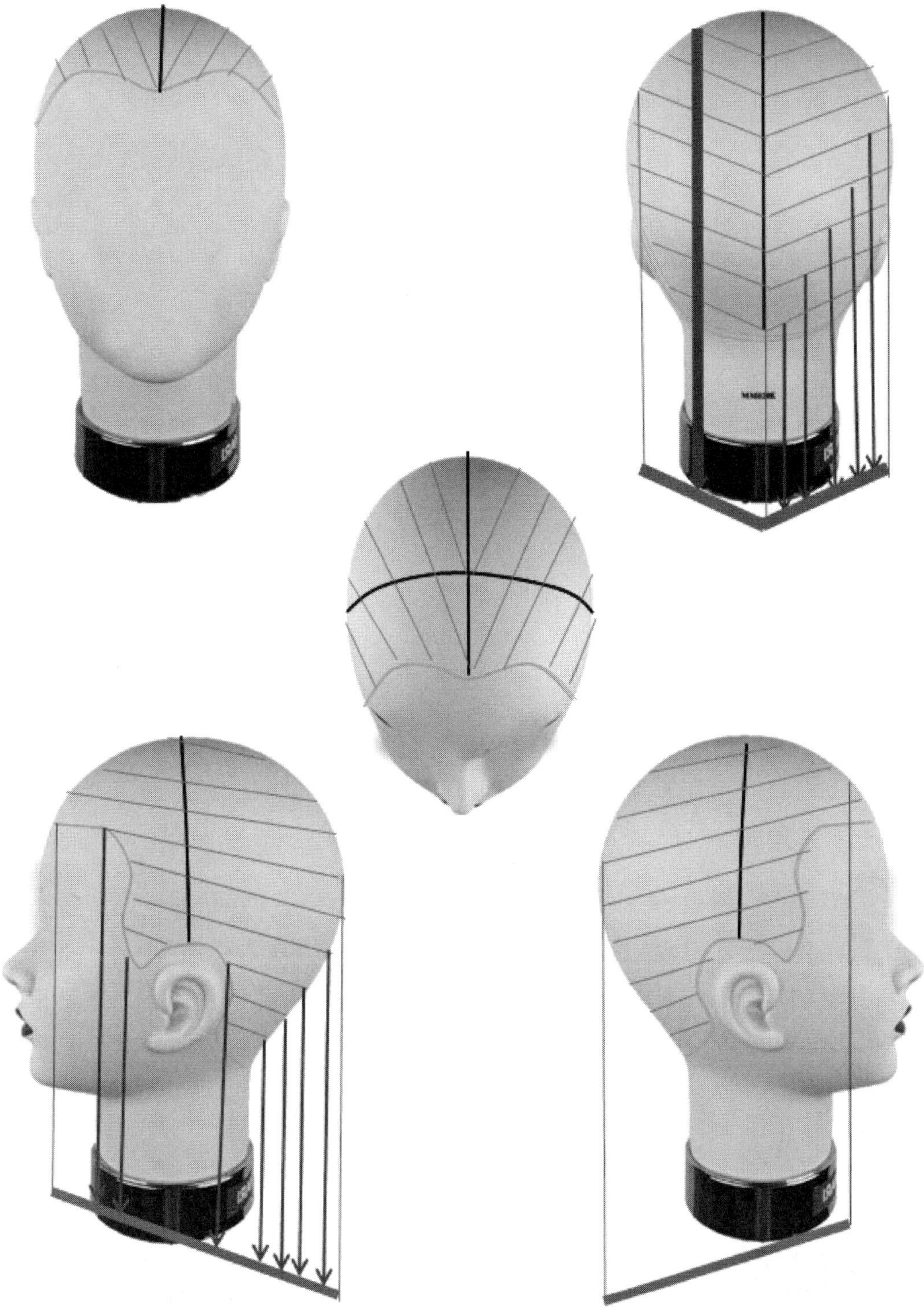

— 브로킹 — 섹션 ⟶ 빗질 — 디자인라인

실습명: **실습일:**

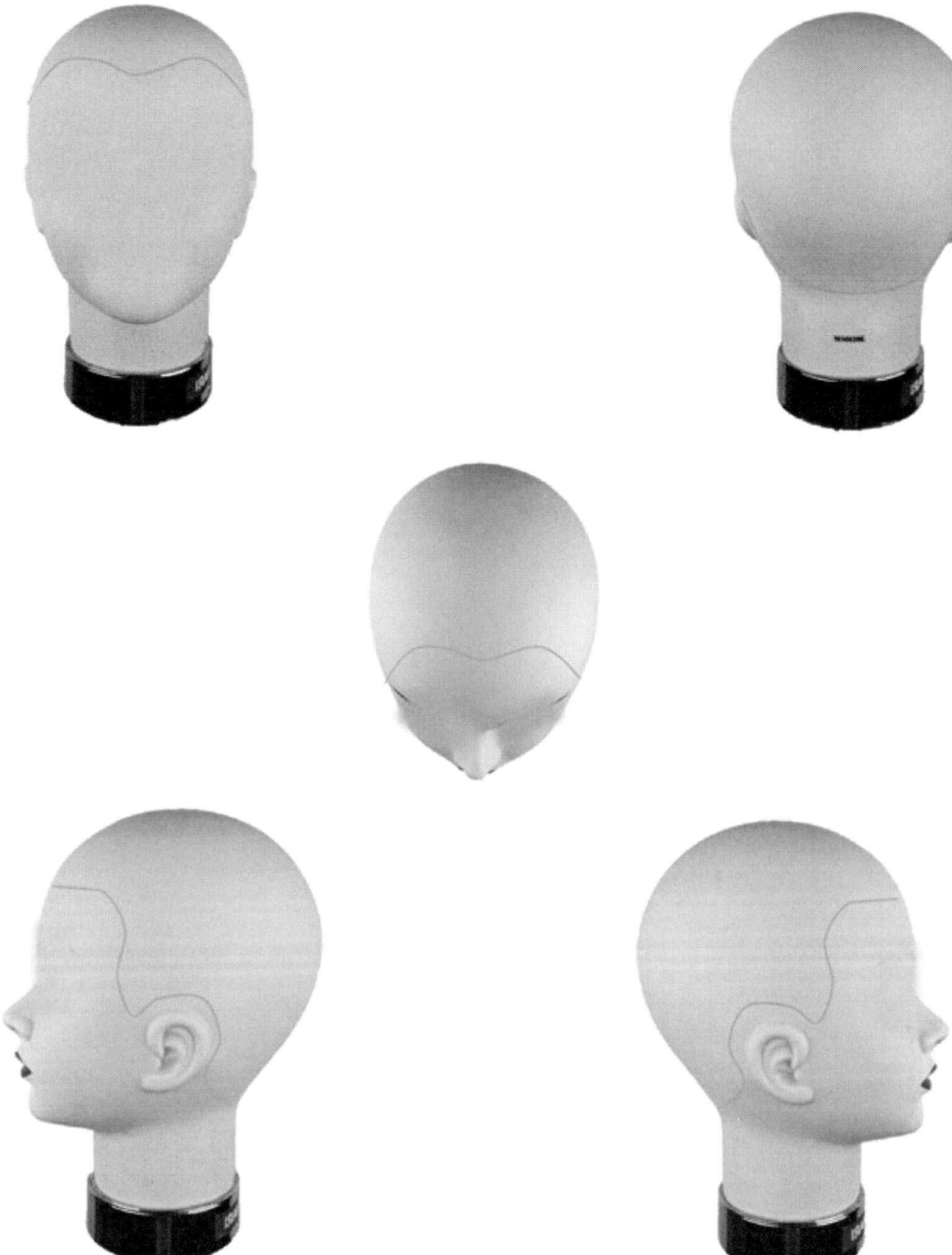

도해도 그리기

학습 2. 헤어 커트 진행하기

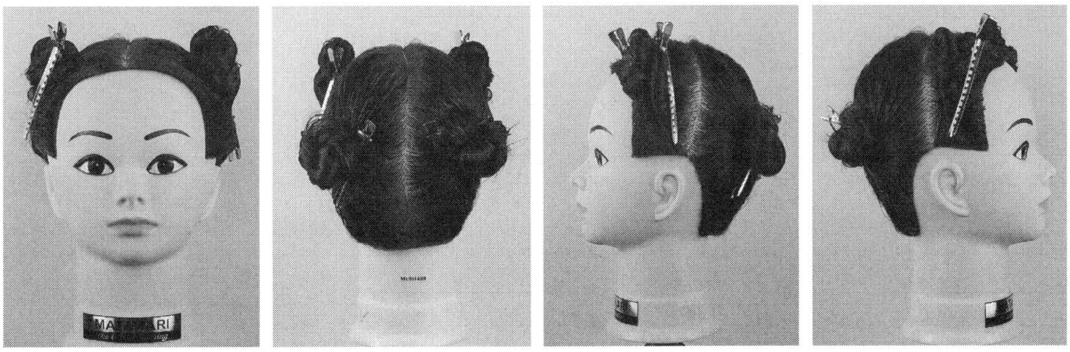

1. 4등분 브로킹 한다.

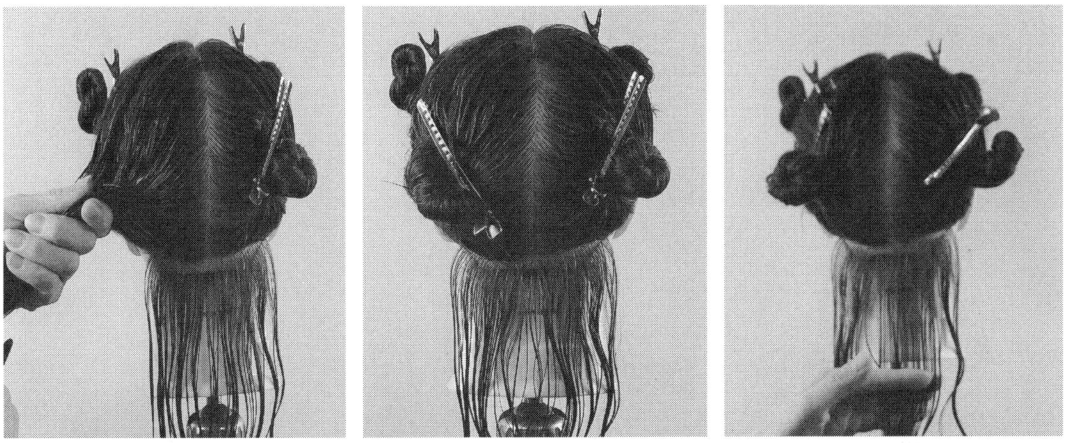

2. N.P 위로 1cm, 양쪽 N.S.P 위로 2cm를 연결하여 후대각 섹셔닝 한다.

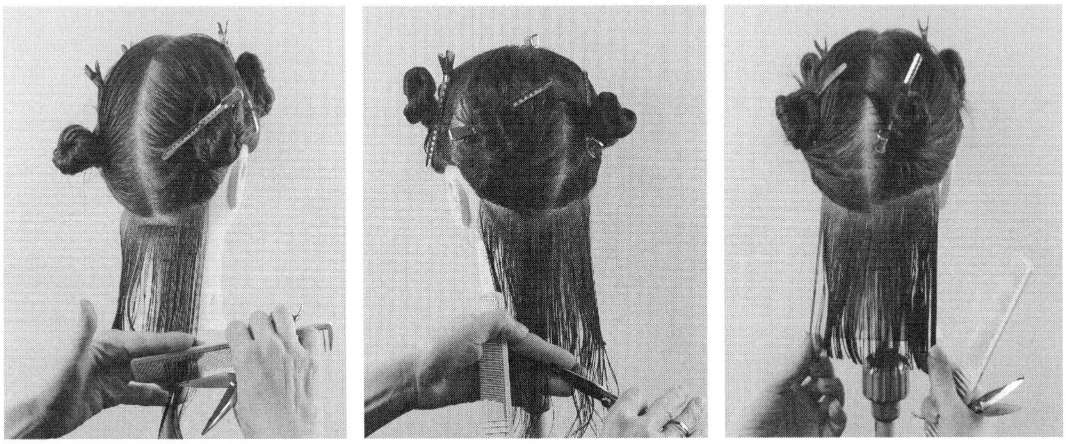

3. N.P에서 0°로 가이드(기준 길이)를 설정한다. 가이드에 맞추어 고정디자인으로 후대각 커트 한 다음 양쪽 길이를 맞춘다.

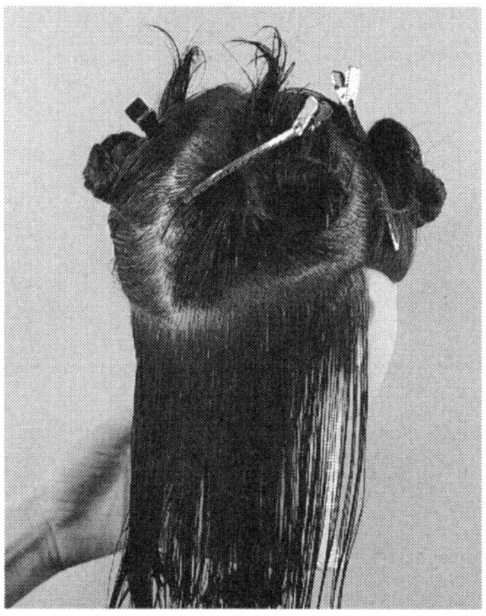

4. 2선 N.P위로 1.5cm 후대각 섹션하여 모발을 모두 잡고 양쪽 섹션의 양이 대칭을 이루는지 확인한 후 센터부터 커트한다.

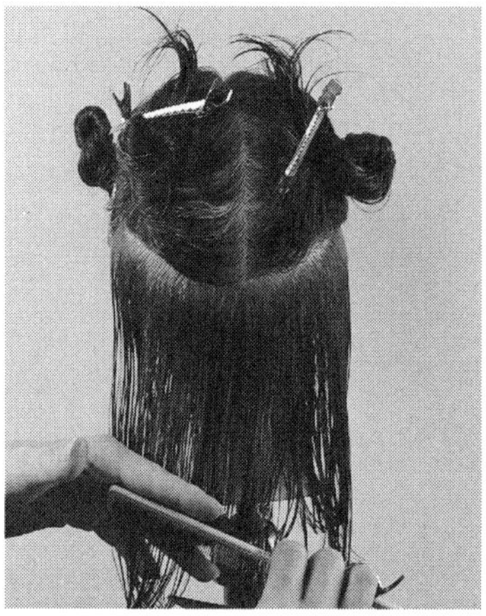
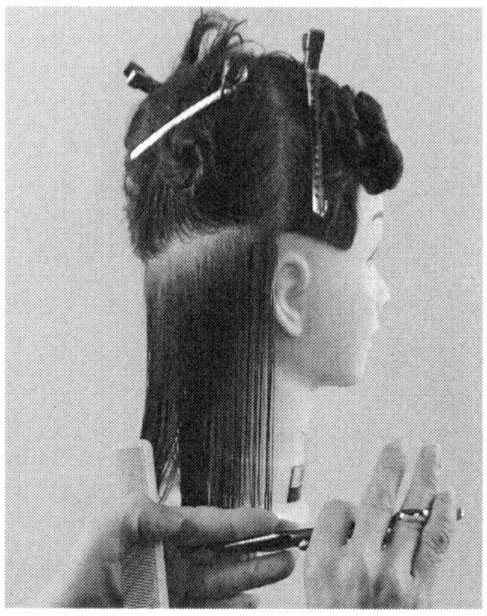

5. 섹션과 평행을 이루도록 고정디자인 후대각 커트한다. 정확한 섹셔닝을 위해서 점과 점을 연결하는 방향성 빗질을 해서 후대각 섹셔닝 한다.

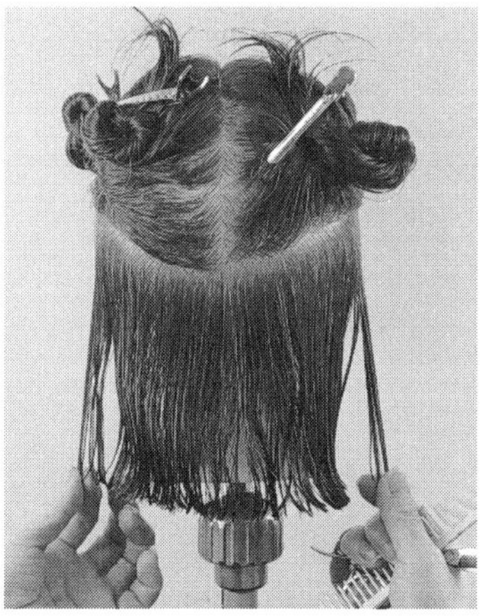

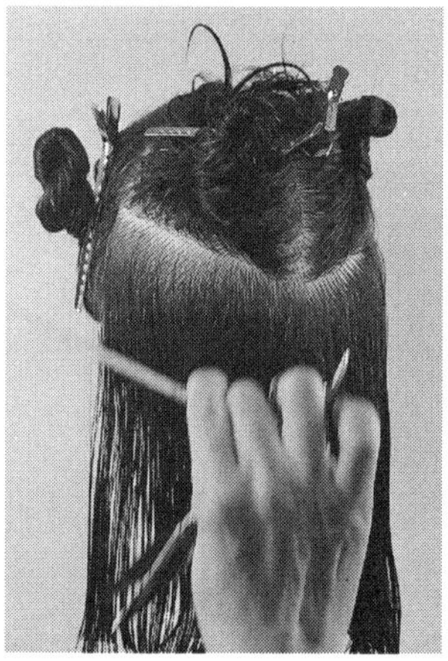

6. 양쪽 동일한 후대각 섹션을 하고 센터부터 커트한다. 텐션있게 내려 빗질하여 고정디자인으로 후대각 커트한다.

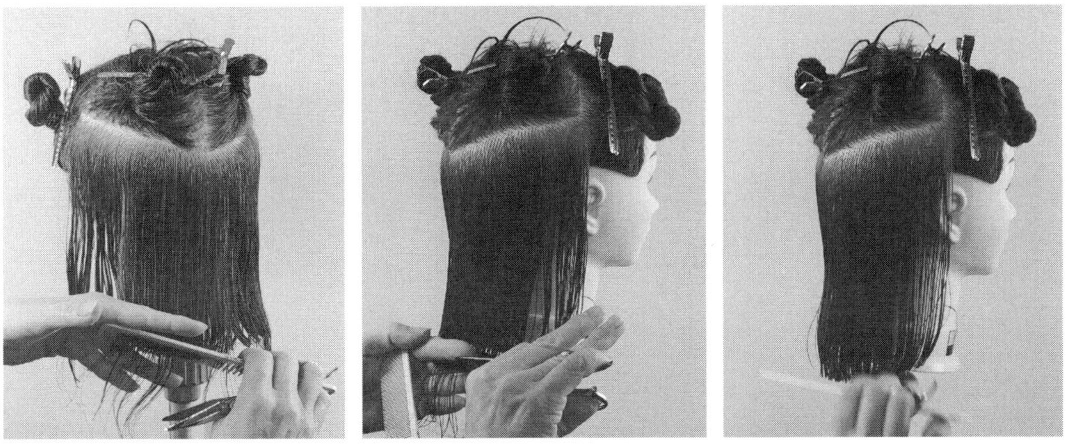

7. 길이의 변화가 오지 않도록 수직 빗질하여 고정디자인 커트 한다. 4선은 E.P 위로 2cm 지점에서 두상의 곡면을 고려한 후대각 섹셔닝 한다.

8. 센터부터 커트하고 양쪽 동일하게 커트한 후 5선도 후대각 섹셔닝하여 고정디자인 커트한다. 후대각 섹션이 진행되면 6선 라운드 형태 섹션 모양이 형성되고 방사선 섹션 빗질하여 센터부터 커트한다.

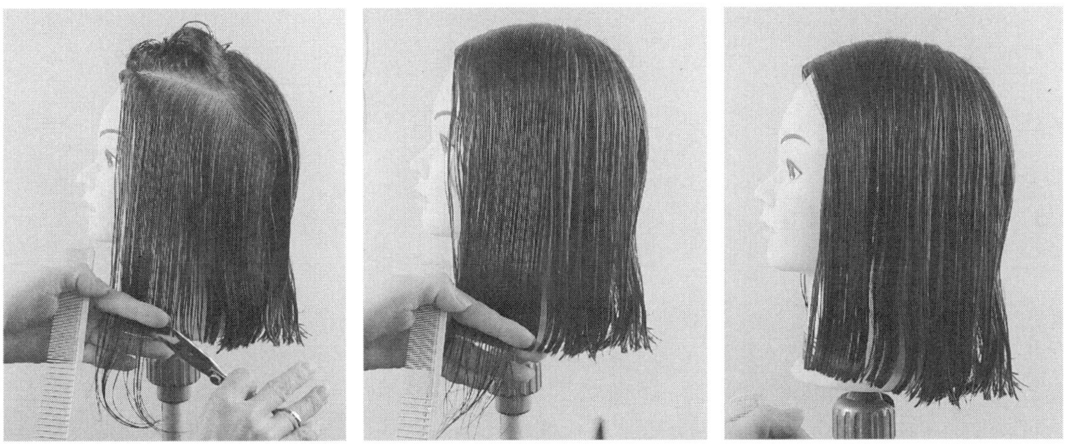

9. 방향성 빗질한 상태에서 섹션을 나누고 동일선상 뒤쪽과 고정디자인 가이드에 맞춰서 후대각 커트한다. 사이드의 커트가 진행되면 단차 4cm의 후대각 커트가 되었는지 체킹하며 양쪽 대칭을 이루도록 마무리 커트한다.

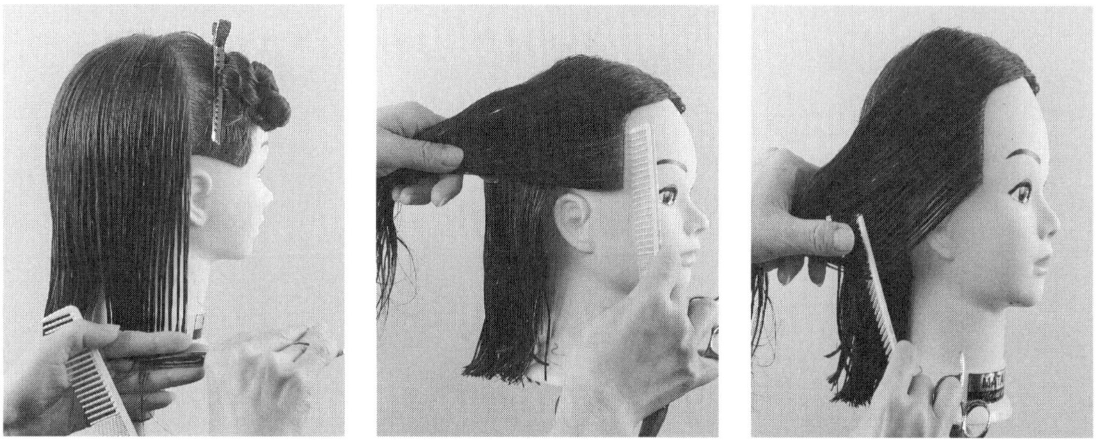

10. 탑에서부터 방사선 빗질하여 후두부 후대각 커트 한다. 사이드 뒤쪽으로 방향성 빗질 한다.

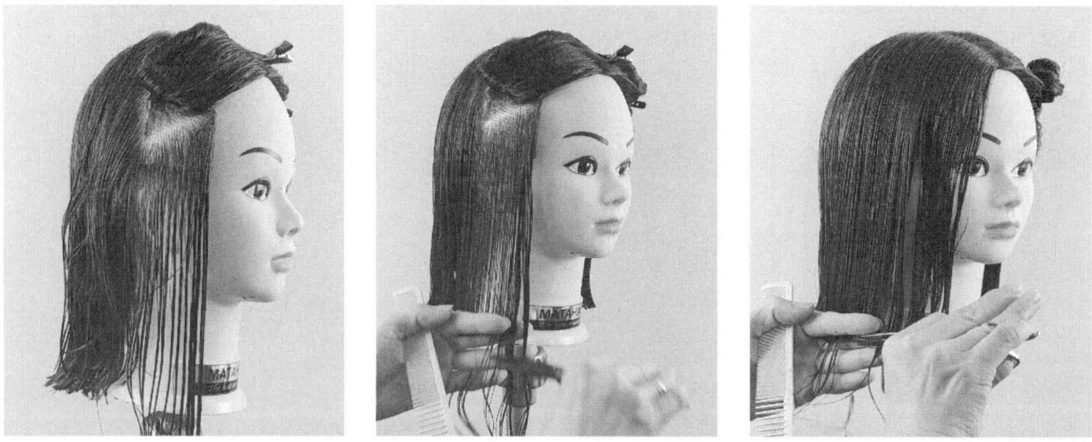

11. 후대각 섹션과 연결되는 동일선상의 가이드를 확인한다. 사이드의 뒤쪽에서 앞쪽으로 커트하고 1선부터 3선까지 사이드 커트한다.

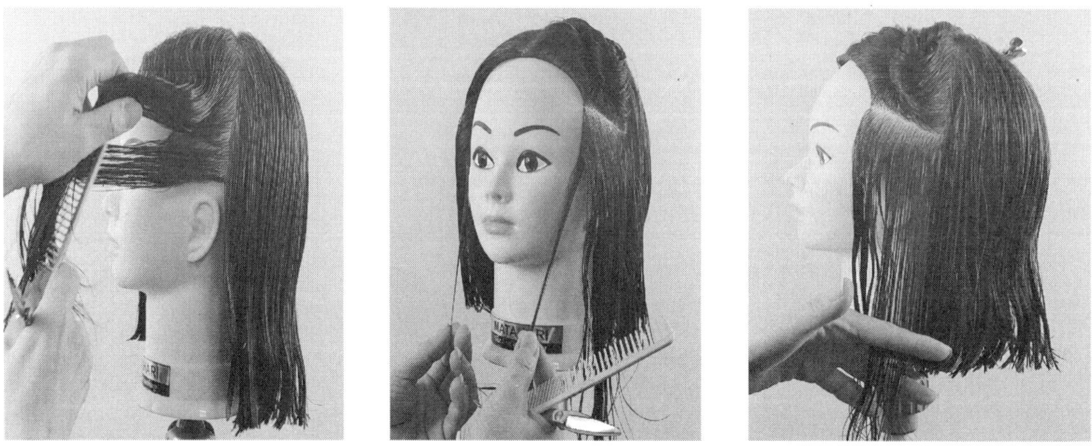

12. 반대편도 뒤쪽으로 방향성 빗질하여 후대각 섹션하고 구렛나루 부분인 S.C.P에서 가이드를 확인한다. 동일선상을 확인하고 연결하여 커트한다.

학습 3. 헤어 커트 마무리하기

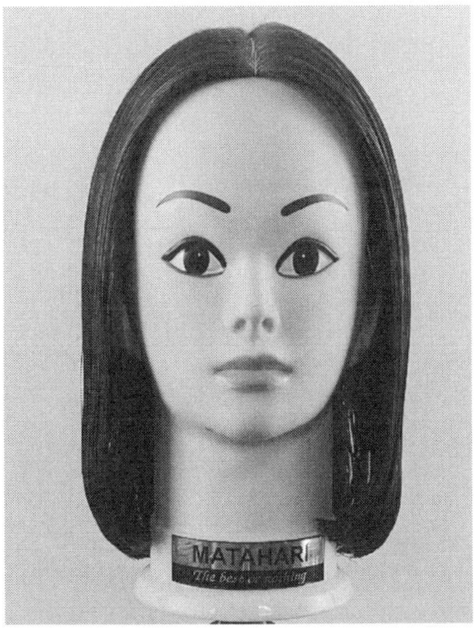

정면

후면

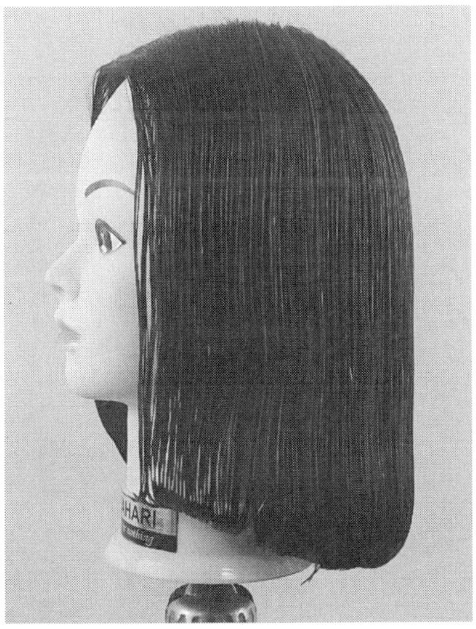

좌측면

우측면

학습 4. 헤어 커트 마무리하기(마무리 스타일링)

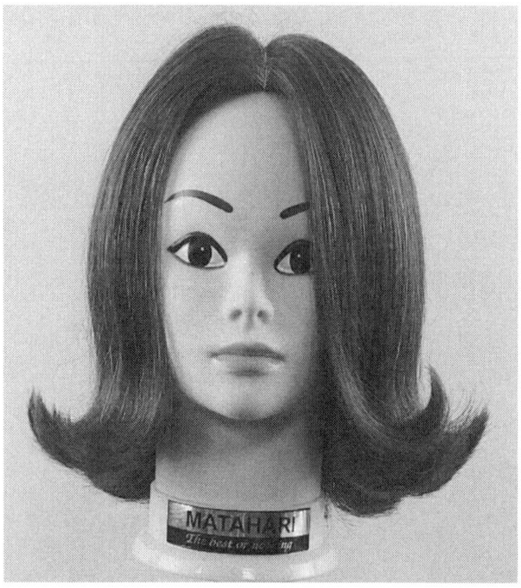

정면

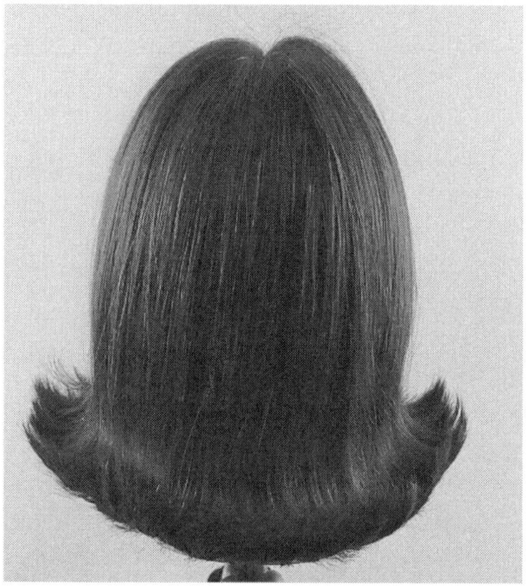

후면

좌측면

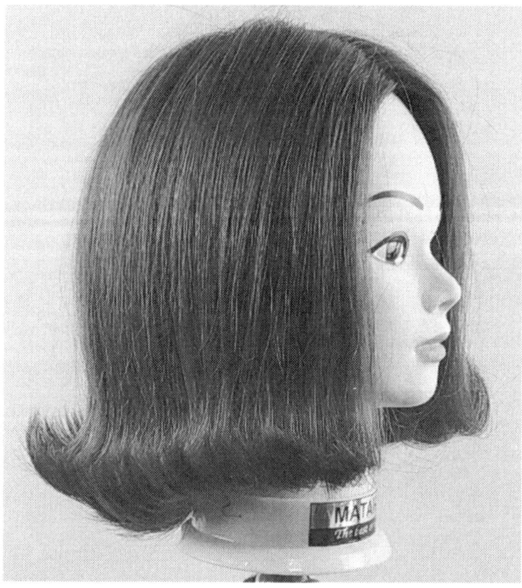

우측면

평가 1. 실습 사진을 부착하시오.

정면	후면
좌측면	우측면

평가 2. 학습 내용에 대한 장점, 단점, 느낀점을 작성하시오.

장점 · 단점	
느낀점	
교수자 피드백	

그래주에이션 커트(Graduation Cut)

4. 그래주에이션 커트(수평)

학습내용 (단원명)	수업 목표
그래주에이션 헤어 커트하기	• 커트를 위해 필요한 도구를 사용할 수 있다. • 수평 그래주에이션 헤어 커트 형태로 커트할 수 있다. • 수평 그래주에이션 헤어 커트 형태를 마무리 할 수 있다.

학습 1. 헤어 커트 준비하기

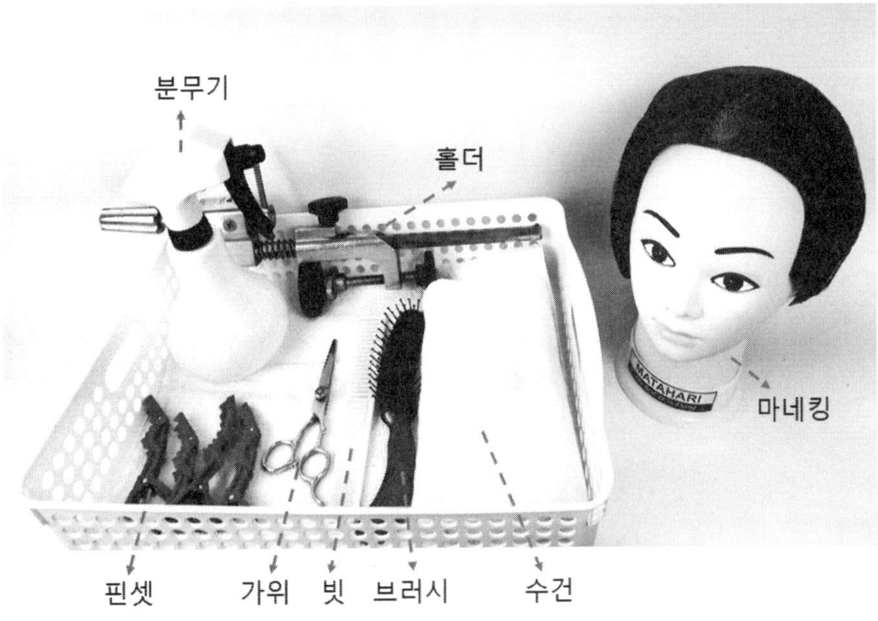

헤어 커트 준비물

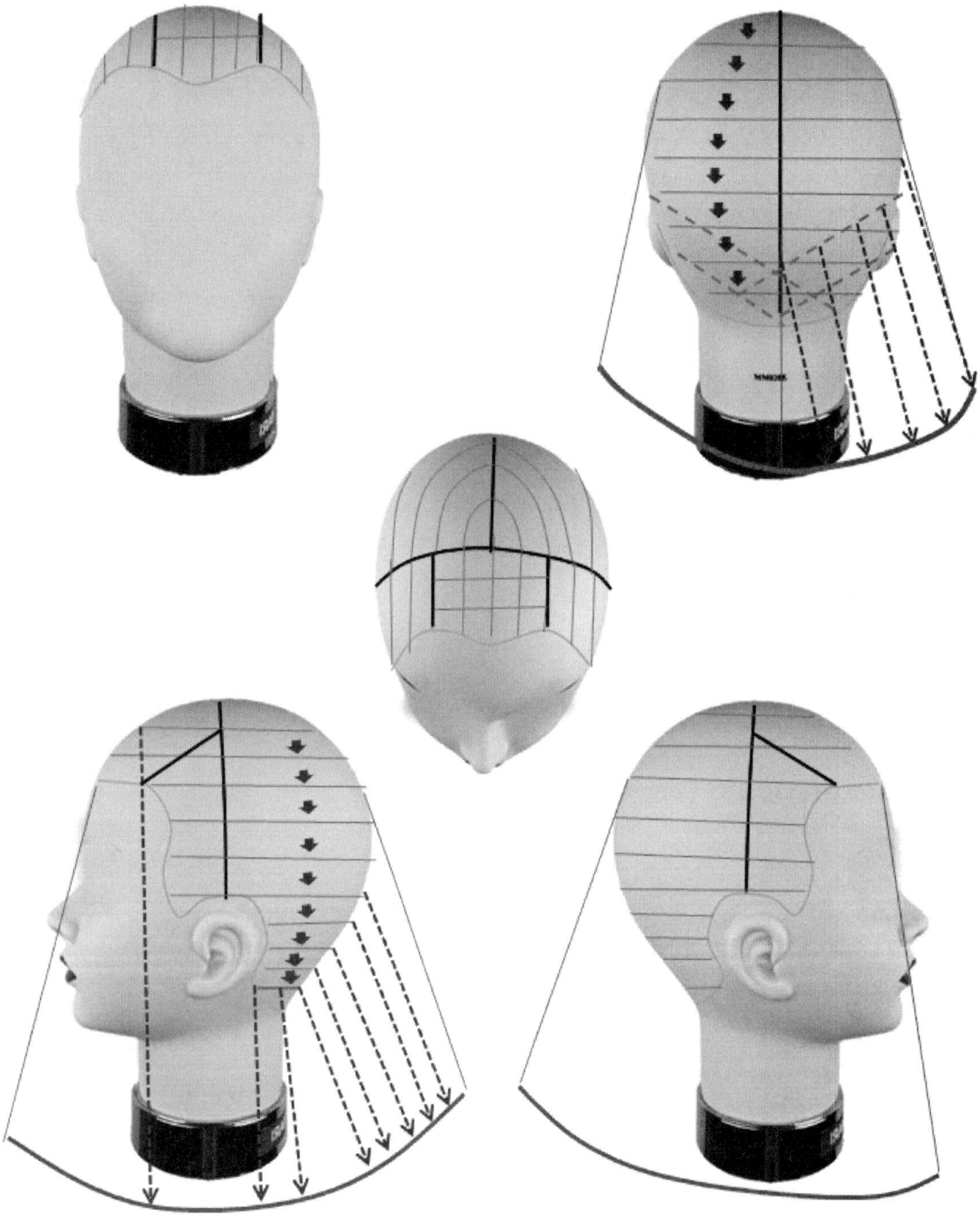

— 브로킹 — 섹션 ⟶ 빗질 — 디자인라인

실습명: **실습일:**

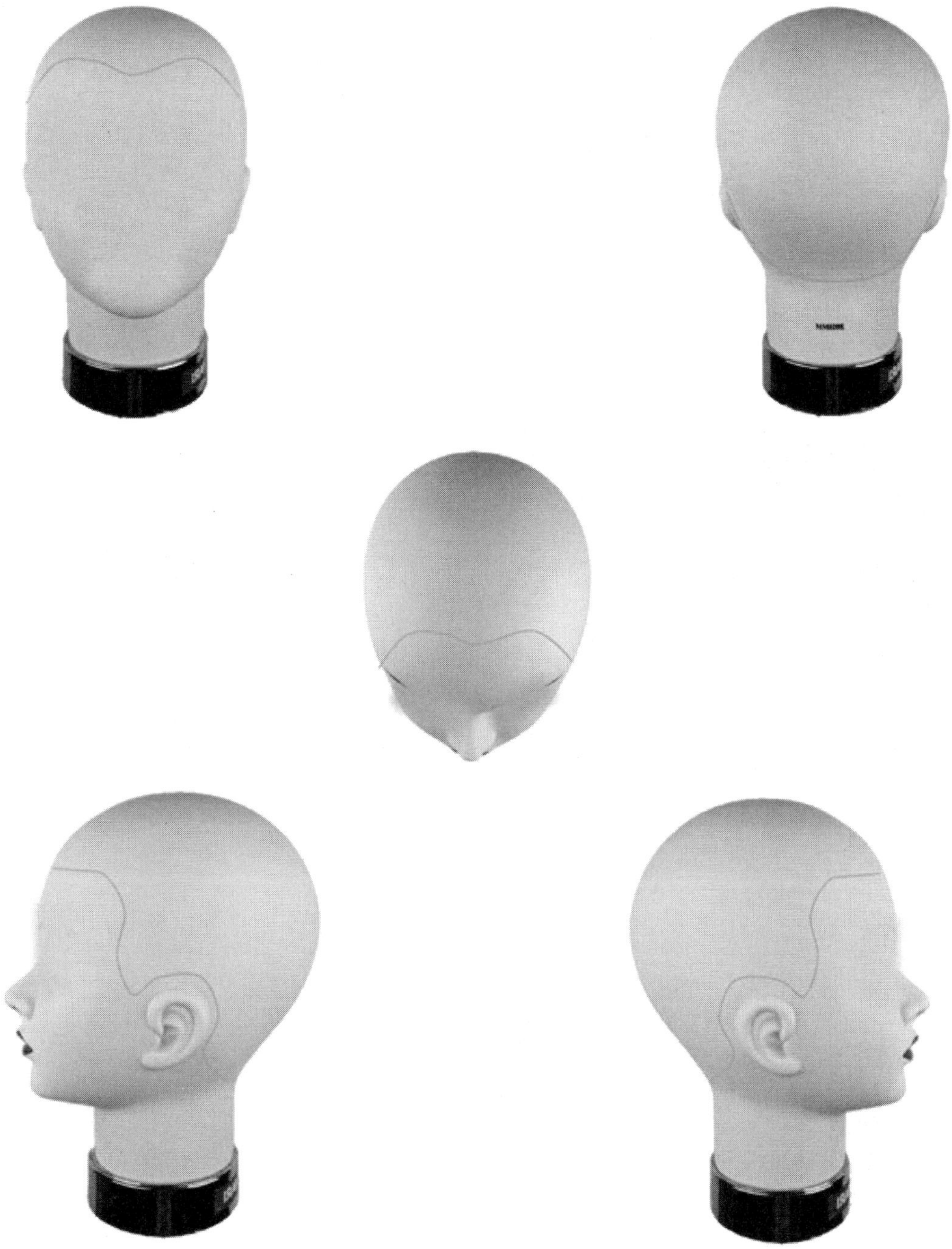

도해도 그리기

학습 2. 헤어 커트 진행하기

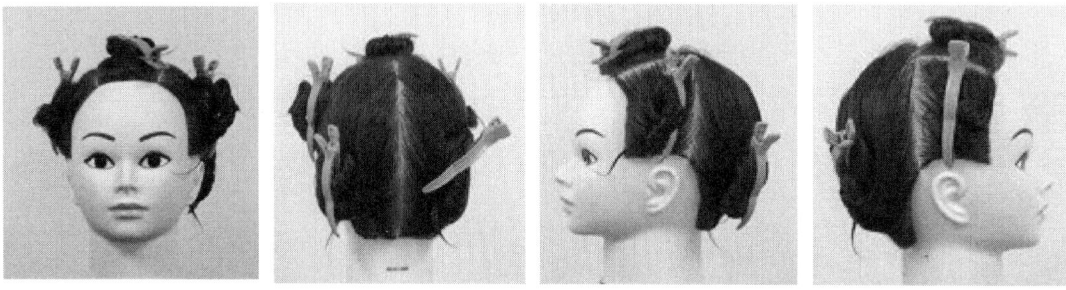

1. 5등분 브로킹을 한다.

2. 눈썹3/2지점 위로 올라간 F.S.P지점에서 스퀘어 베이스로 브로킹 한다. 풀리지 않도록 다발을 안정적으로 고정해준다.

3. 빗으로 섹셔닝 할 때 연결 할 포인트에 왼손 검지를 위치하고 정확한 분배를 하여 사이드 브로킹 한다. 후두부 센터라인을 나누고 N.P 위로 1cm 수평 섹션한다.

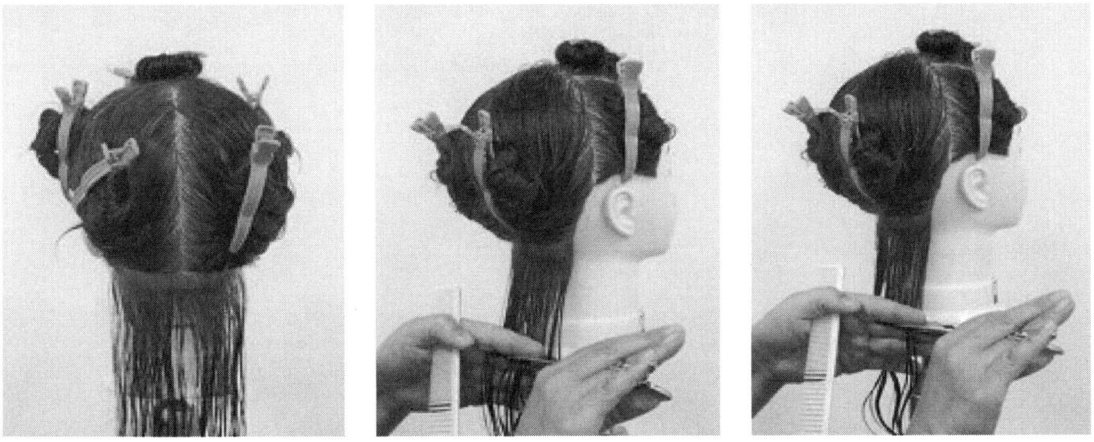

4. N.P에서 가이드를 설정하고 센터부터 커트한다. 섹션과 평행으로 1선은 0°로 두상의 곡면대로 가이드 라인을 커트한다.

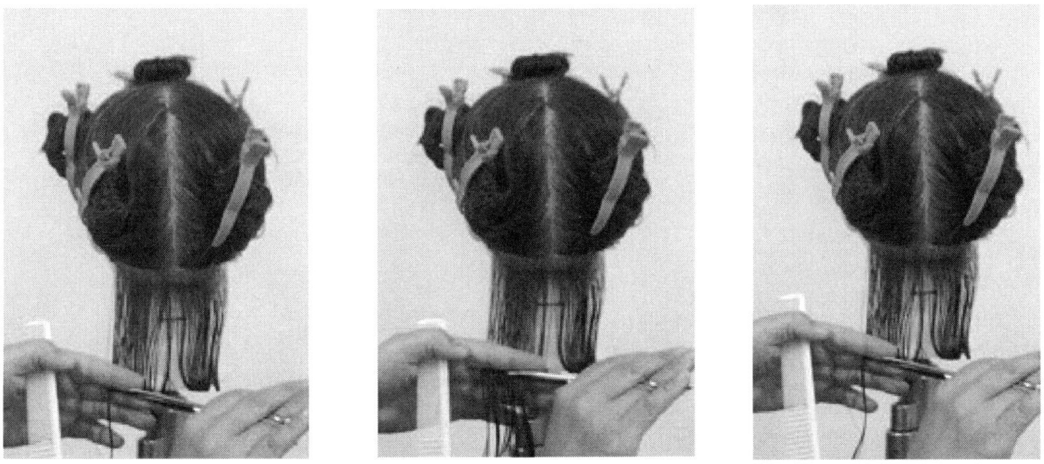

5. 양쪽 경사 5°가 동일한지 길이 체크한다. 1선에서 부드러운 라운드의 가이드 라인이 형성되었다.

6. 2선부터 15° 각도로 들어서 점차적인 층이 나도록 커트한다.

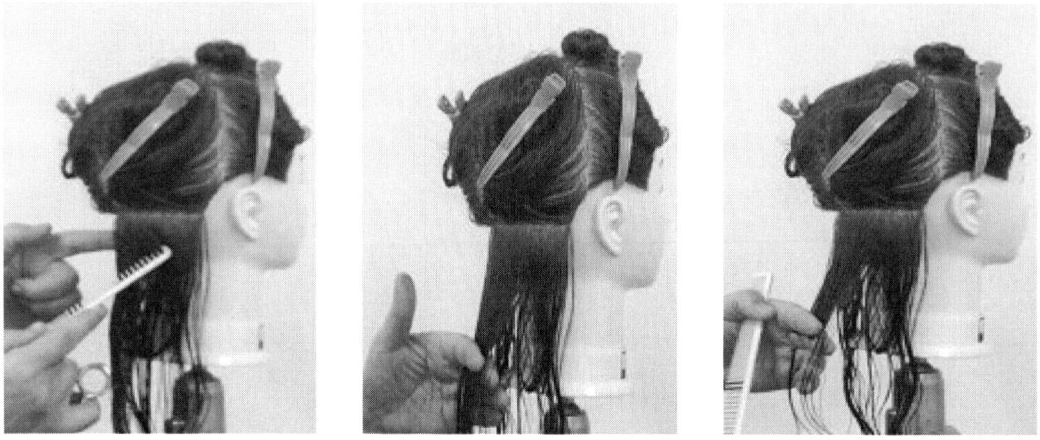

7. 센터부터 시작하여 점차적으로 2선은 15°, 3선은 30°층이 형성되도록 이동 디자인 하여 커트한다.

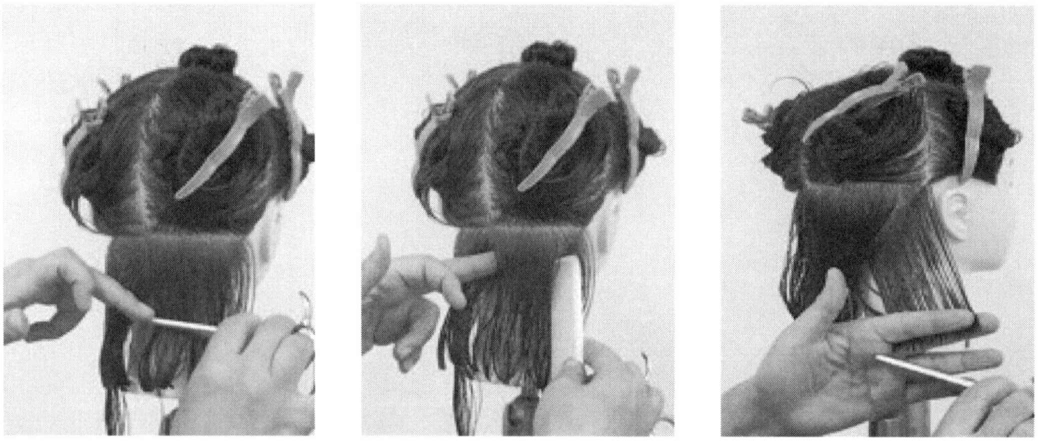

8. 양쪽 동일하게 30°층이 형성되는지 확인하기 위하여 후대각 섹션하여 크로스 체크 한다.

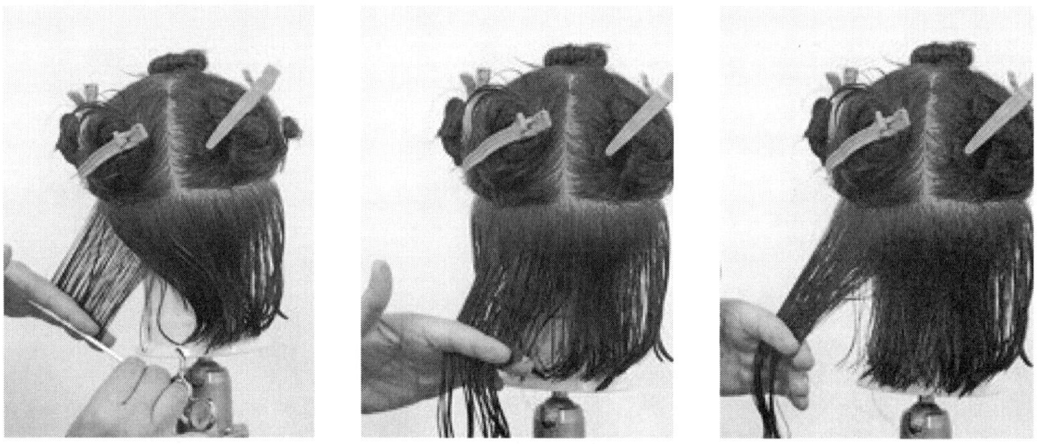

9. 후대각 섹션하여 크로스 체크하고, 4선에서 45°층이 형성되도록 두상을 고려한 수평섹션과 평행이 되도록 커트한다.

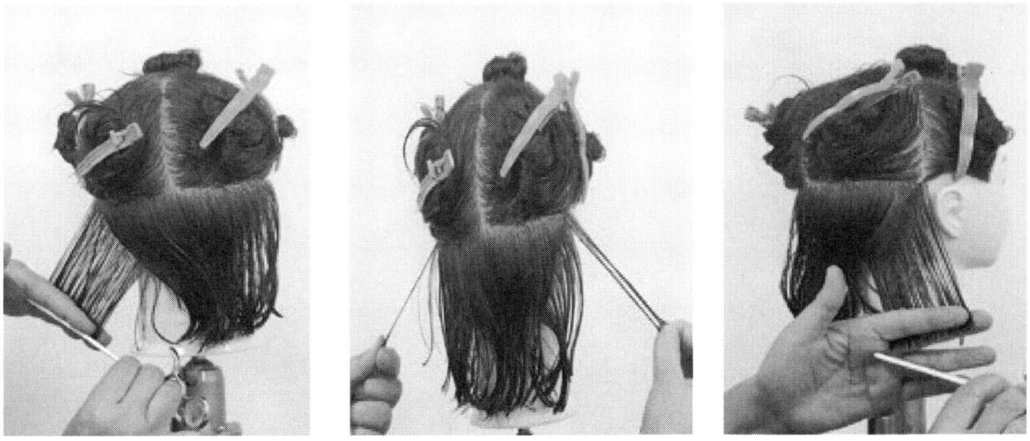

10. 4선 커트 후 한차례 더 크로스 체크 하여 45°층이 형성되었는지 정확하게 확인하고 5선 수평 섹션한다.

11. 4선 가이드에 맞추어 45°를 유지하면서 백 포인트가 지난 미들 존부터 고정 디자인하여 수평 커트한다.

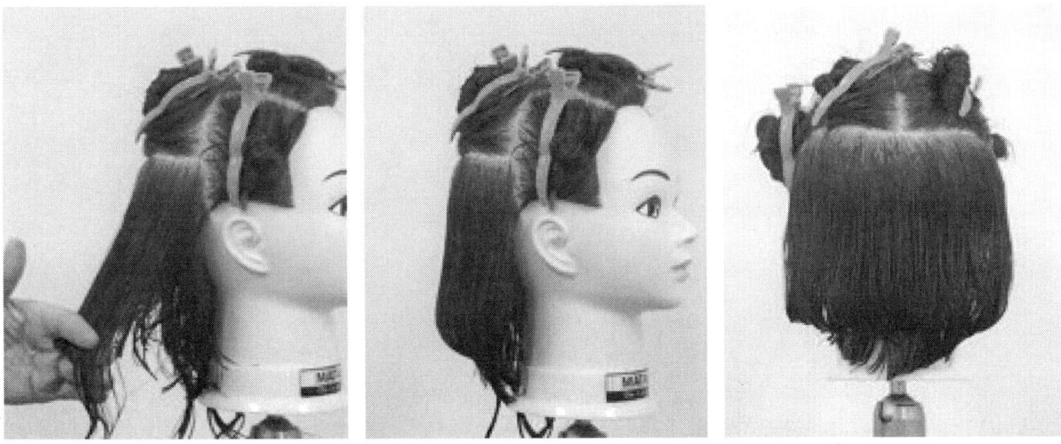

12. 6선부터 좁아지는 두상을 고려하여 방사선으로 펼쳐서 빗질하여 커트한다.

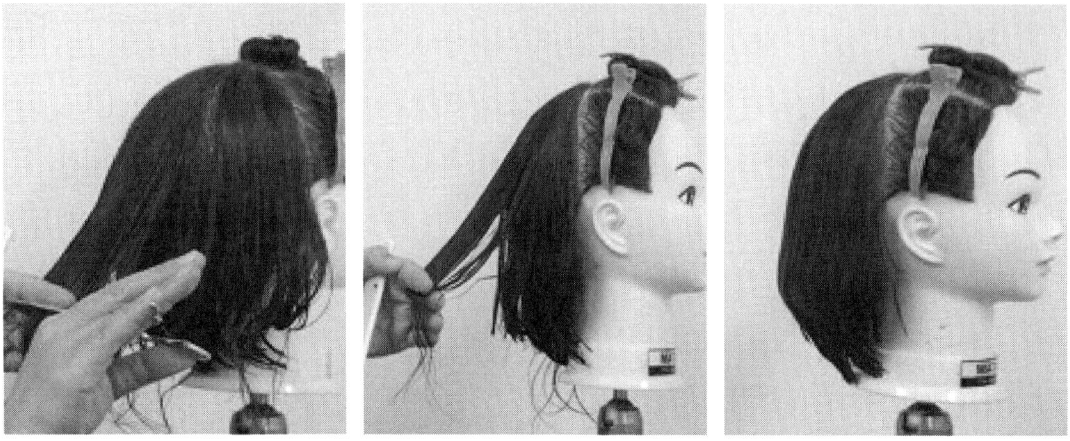

13. 후두부 모두 내려서 탑을 중심으로 방사선 빗하여 커트한다. 후두부 커트가 끝나면 45°층의 수평 그래주에이션이 형성된다.

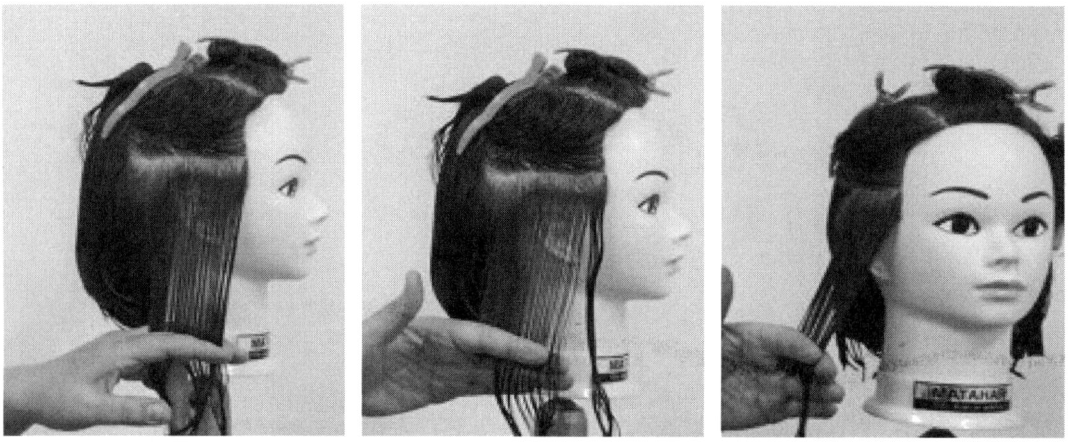

14. 사이드 방향성 빗질하여 동일선상의 가이드를 확인하고 후두부의 가이드와 연결되도록 수평 커트한다.

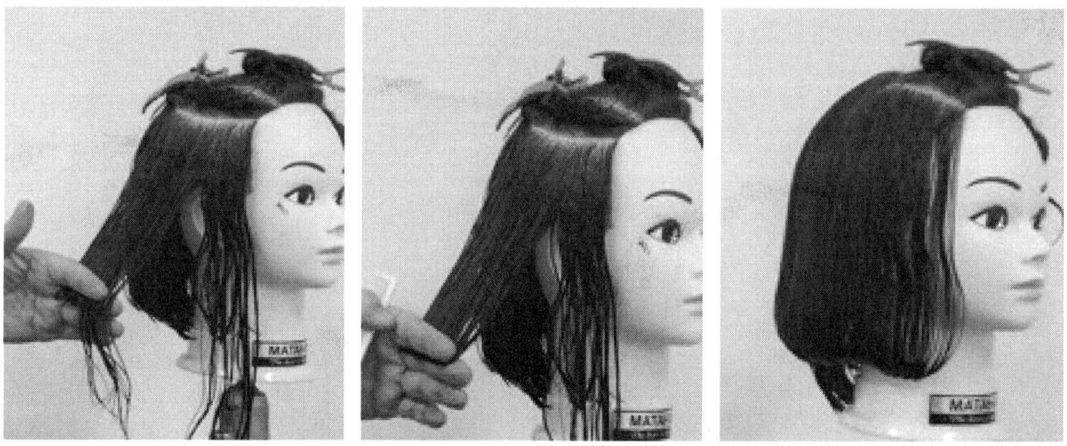

15. 0°로 가이드를 커트한 후 다시 15°, 2선 30°, 3선 45°로 층을 낸다. 반대편 사이드도 동일한 방법으로 방향성 빗질한다.

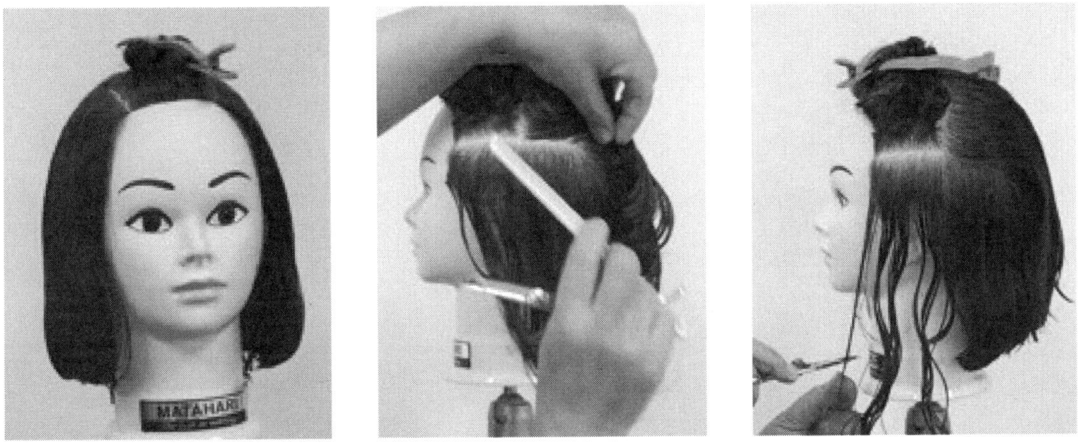

16. 동일선상의 가이드와 양쪽 S.C.P를 정확하게 가이드를 확인하고 커트 한다.

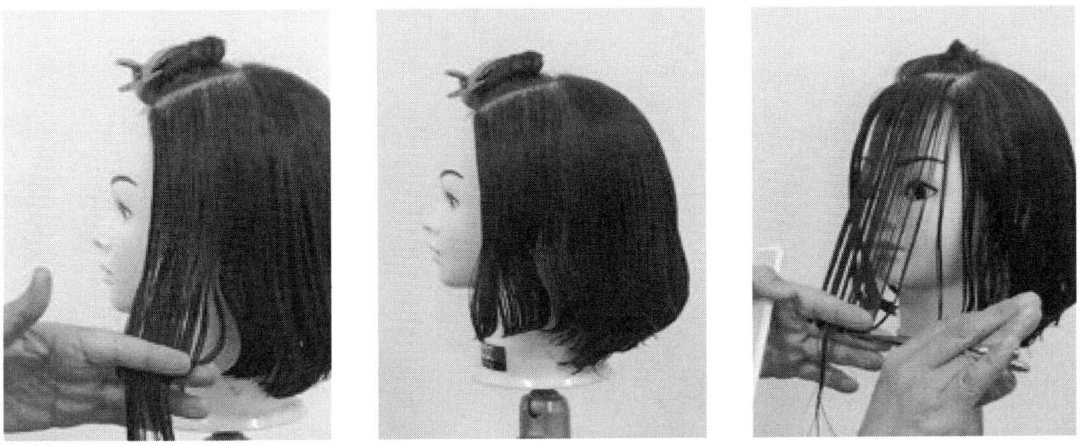

17. 0°, 15°, 30°, 45°로 층을 내서 사이드 마무리 한 다음, 프론트 방향성 빗질 한다.

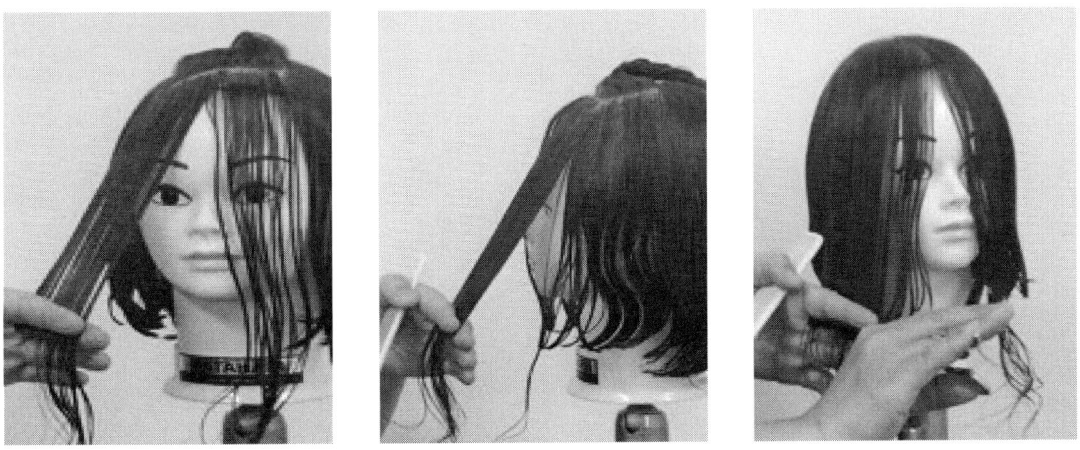

18. 코너 부분의 가이드를 확인하고 양쪽을 연결하여 45°로 프론트 1선 커트 한다.

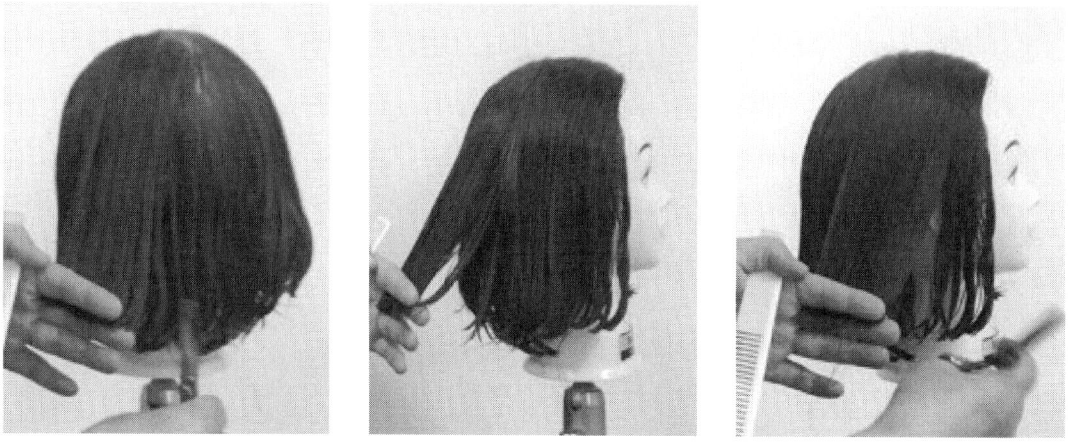

19. 프론트 3번에 걸쳐서 디자인 라인에 고정하여 수평커트 하고 가운데 가르마로 빗질하여 양쪽 길이가 동일한지 확인한다.

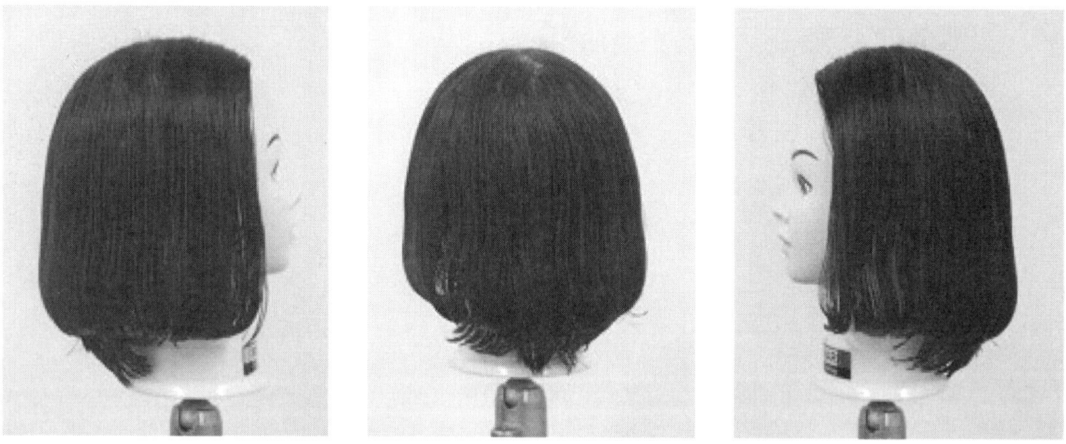

20. 탑을 중심으로 텐션을 주어 방사선 빗질하여 바람머리 체크 커트하고 마무리 한다.

학습 3. 헤어 커트 마무리하기

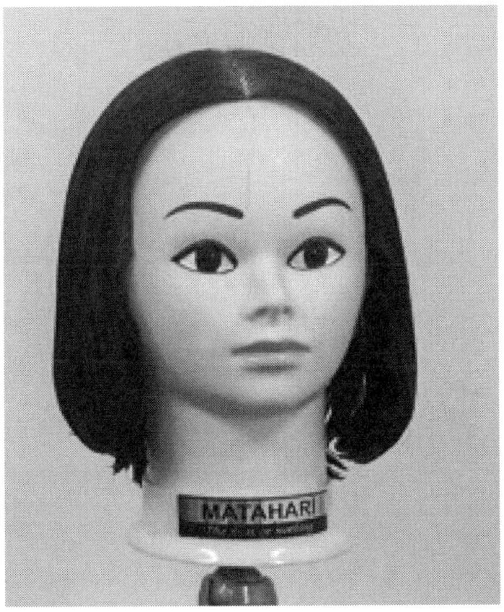

정면

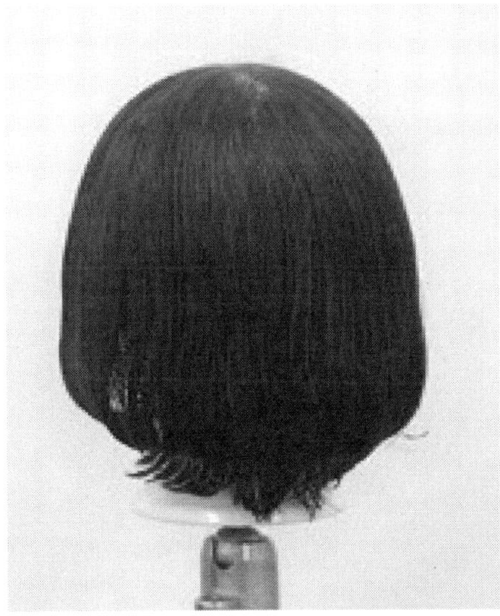

후면

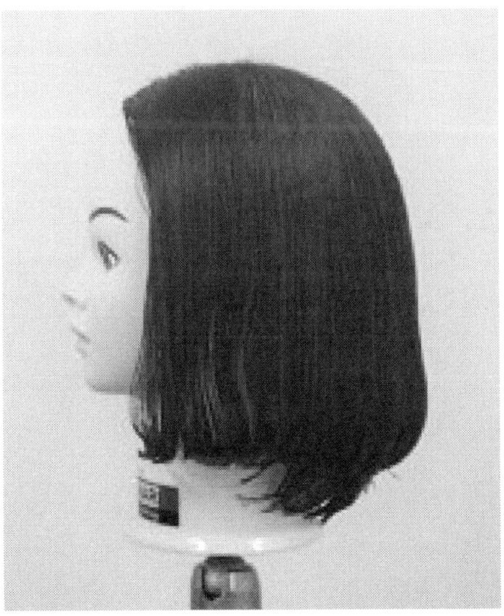

좌측면

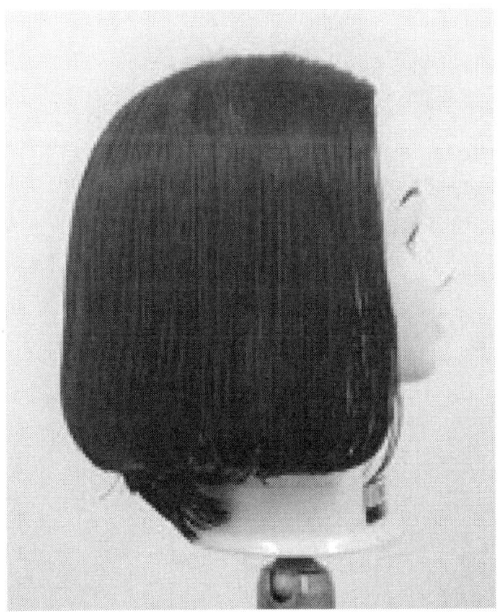

우측면

학습 4. 헤어 커트 마무리하기(마무리 스타일링)

정면

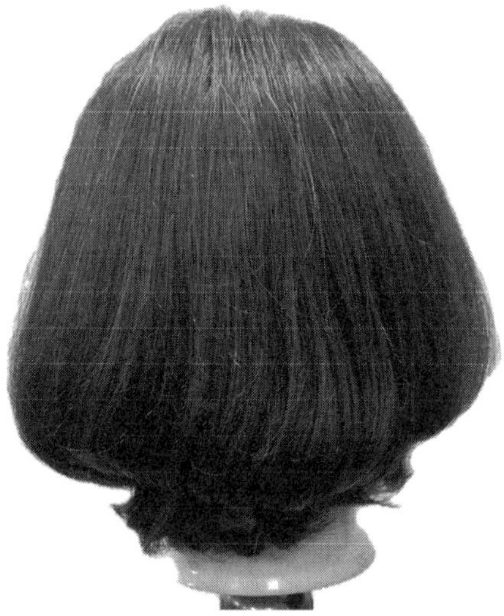

후면

좌측면

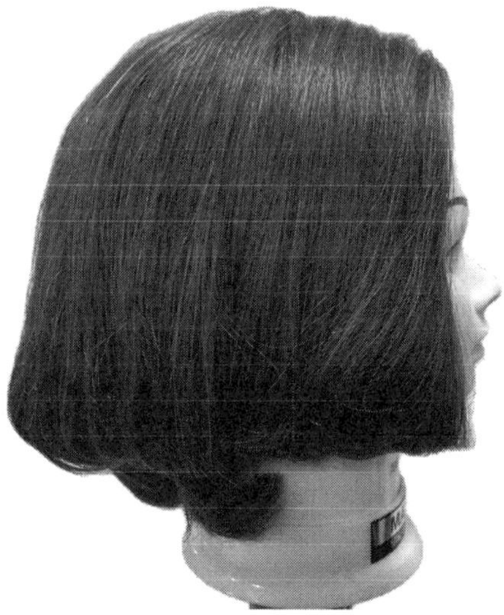

우측면

평가 1. 실습 사진을 부착하시오.

정면	후면
좌측면	우측면

평가 2. 학습 내용에 대한 장점, 단점, 느낀점을 작성하시오.

구분	내용
장점 · 단점	
느낀점	
교수자 피드백	

5. 그래주에이션 커트(전대각)

학습내용 (단원명)	수업 목표
그래주에이션 헤어 커트하기	• 커트를 위해 필요한 도구를 사용할 수 있다. • 전대각 그래주에이션 헤어 커트 형태로 커트할 수 있다. • 전대각 그래주에이션 헤어 커트 형태를 마무리 할 수 있다.

학습 1. 헤어 커트 준비하기

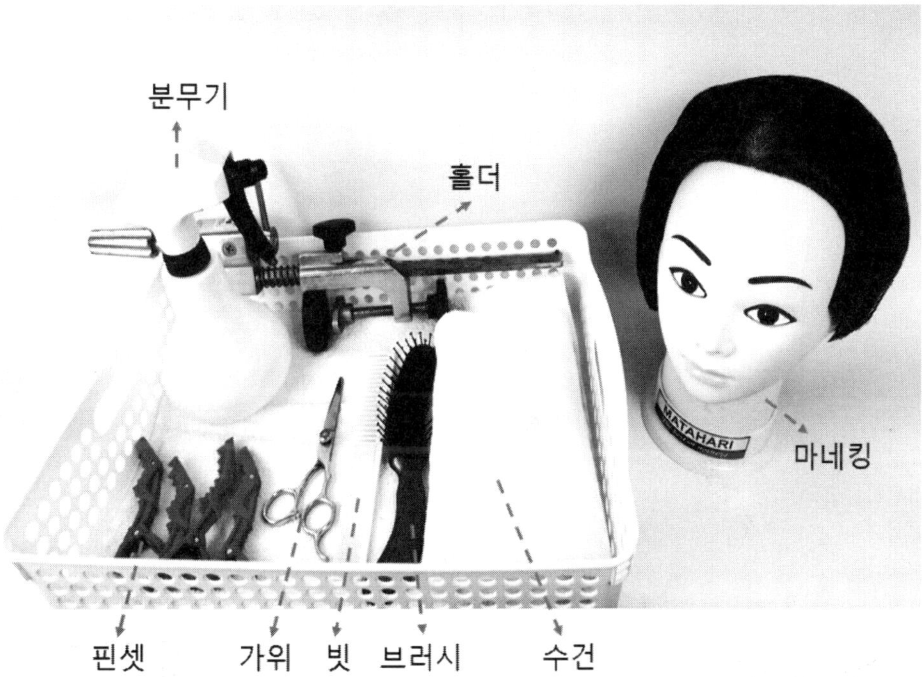

헤어 커트 준비물

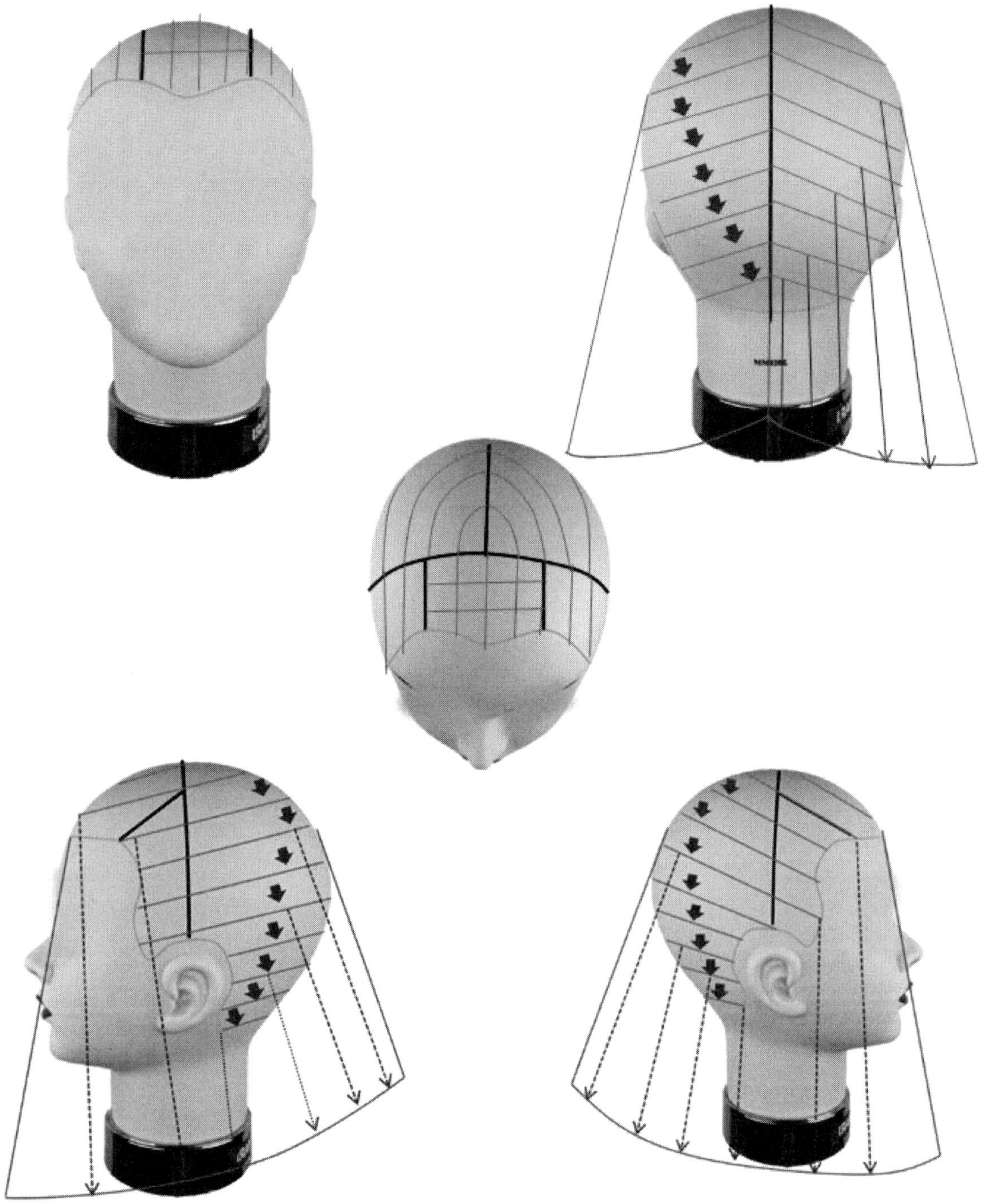

브로킹 섹션 빗질 디자인라인

실습명: 실습일:

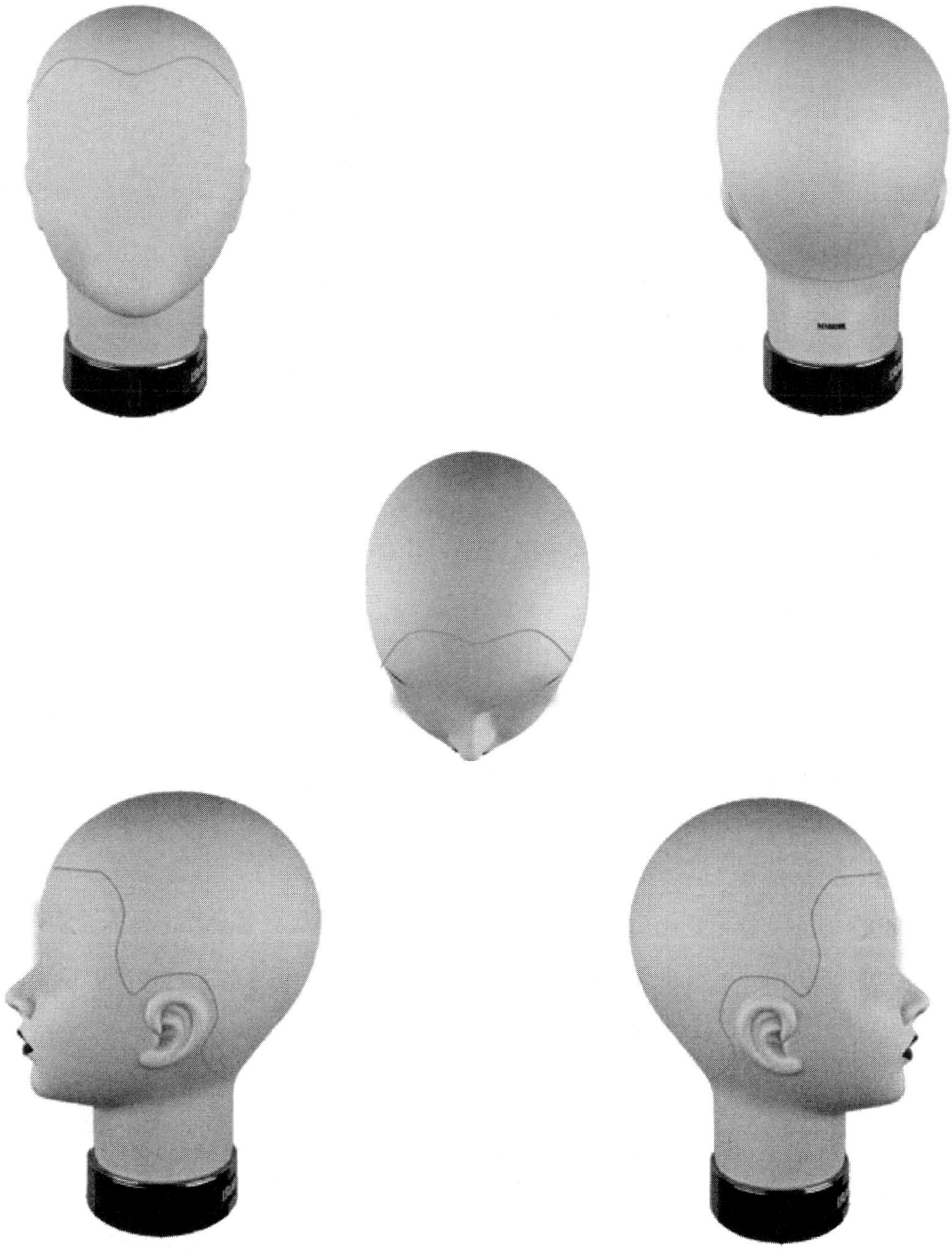

도해도 그리기

학습 2. 헤어 커트 진행하기

1. 양쪽 F.S.P에서 T.P까지 스퀘어 섹셔닝 한다. 센터 라인을 나누고 B.N.M.P에서 전대각 섹셔닝하여 5등분 브로킹한다.

2. N.P에서 가이드를 설정한다. 1선에서 자연시술각 15°로 섹션과 평행으로 전대각 커트한다.

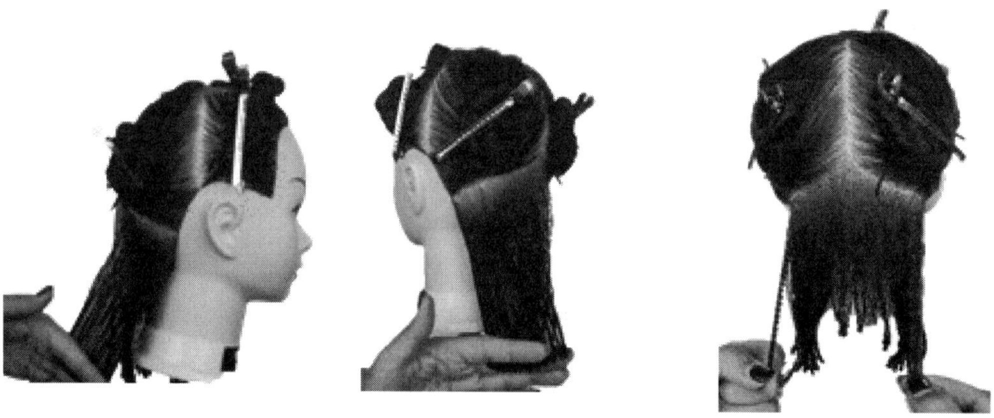

3. 섹션과 평행으로 전대각 커트하고 왼쪽도 커트 한 다음 양쪽 길이가 동일한지 확인하여 대칭을 이루도록 가이드 라인을 잡는다.

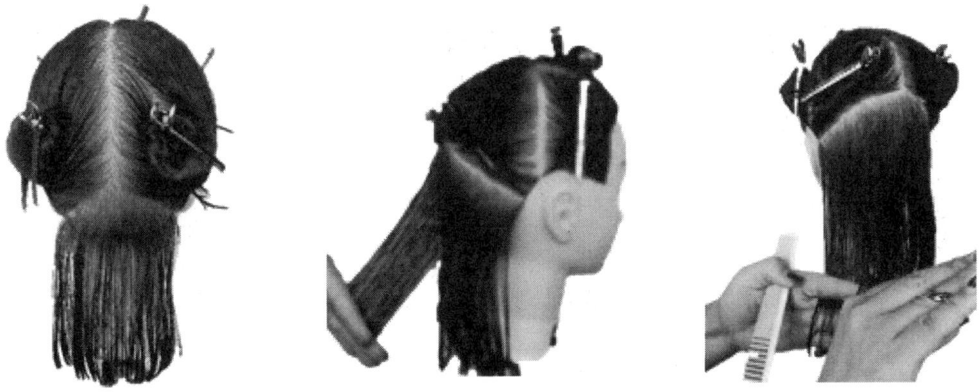

4. 1선의 가이드라인에 맞춰서 2선, 3선 커트도 섹션과 평행으로 전대각 커트한다.

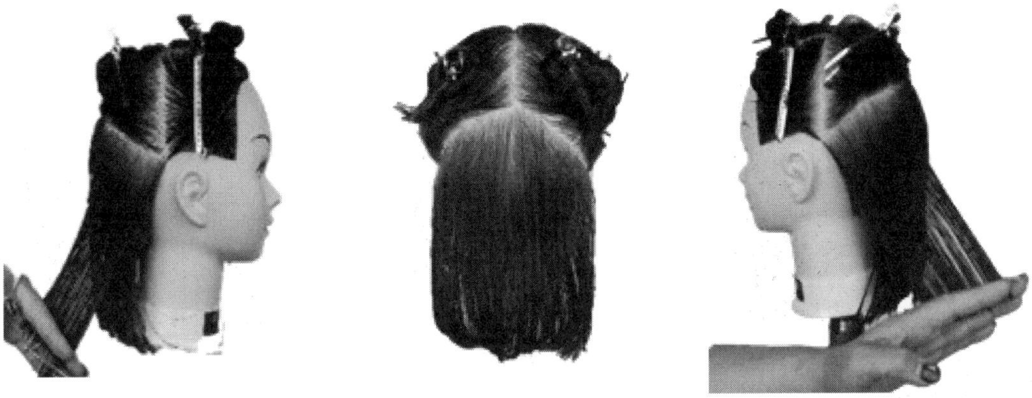

5. 전대각 섹션을 유지하면서 45° 전대각 커트한다.

6. 5선, 6선 전대각 섹션과 평행으로 커트한다. 탑 지역에서 방사선 섹션으로 빗질하고 하단의 가이드 라인에 맞춰서 전대각 커트한다.

7. 점진적인 층이 형성되면서 후두부에 볼륨감이 형성된다. 사이드 전대각 섹션하고 후두부의 동일선상에서 가이드를 확인하고 전대각 커트한다.

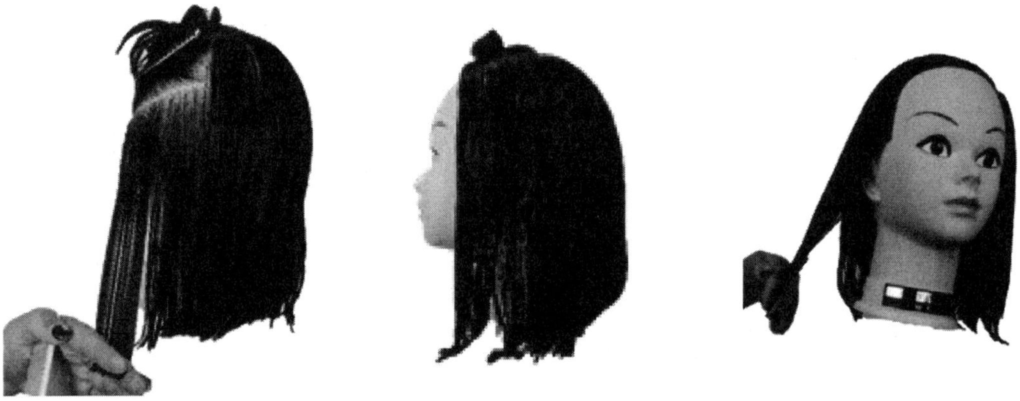

8. 반대편도 전대각 섹셔닝하고 양쪽 길이 체크하여 길이와 경사를 체크한다. 사이드 가르마하여 전대각으로 연결 커트한다.

학습 3. 헤어 커트 마무리하기(마무리 스타일링)

정면

후면

좌측면

우측면

평가 1. 실습 사진을 부착하시오.

정면	후면
좌측면	우측면

평가 2. 학습 내용에 대한 장점, 단점, 느낀점을 작성하시오.

장점 • 단점	
느낀점	
교수자 피드백	

6. 그래주에이션 커트(후대각)

학습내용 (단원명)	수업 목표
그래주에이션 헤어 커트하기	• 커트를 위해 필요한 도구를 사용할 수 있다. • 후대각 그래주에이션 헤어 커트 형태로 커트할 수 있다. • 후대각 그래주에이션 헤어 커트 형태를 마무리 할 수 있다.

학습 1. 헤어 커트 준비하기

헤어 커트 준비물

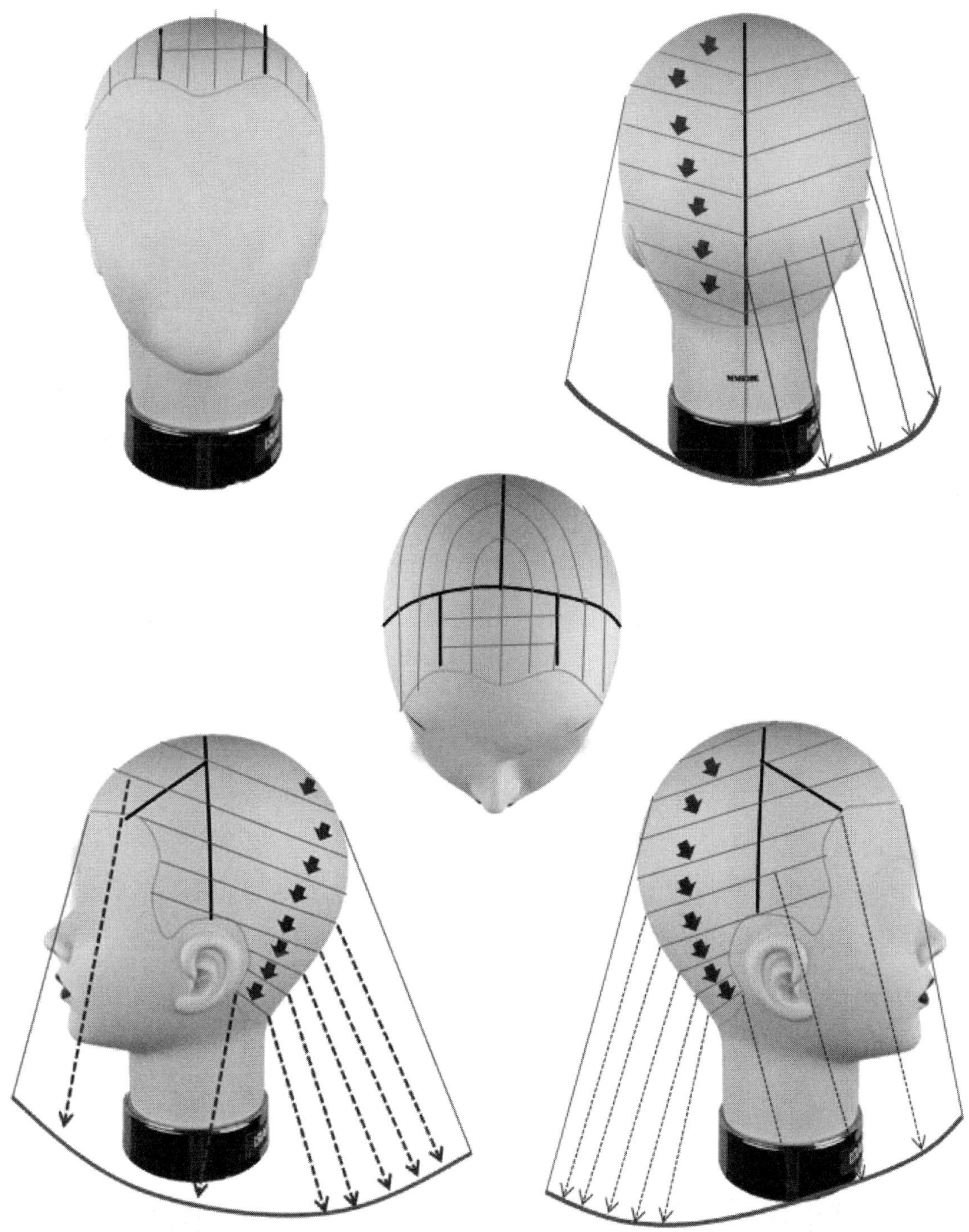

— 브로킹 —— 섹션 ——> 빗질 —— 디자인라인

실습명: **실습일:**

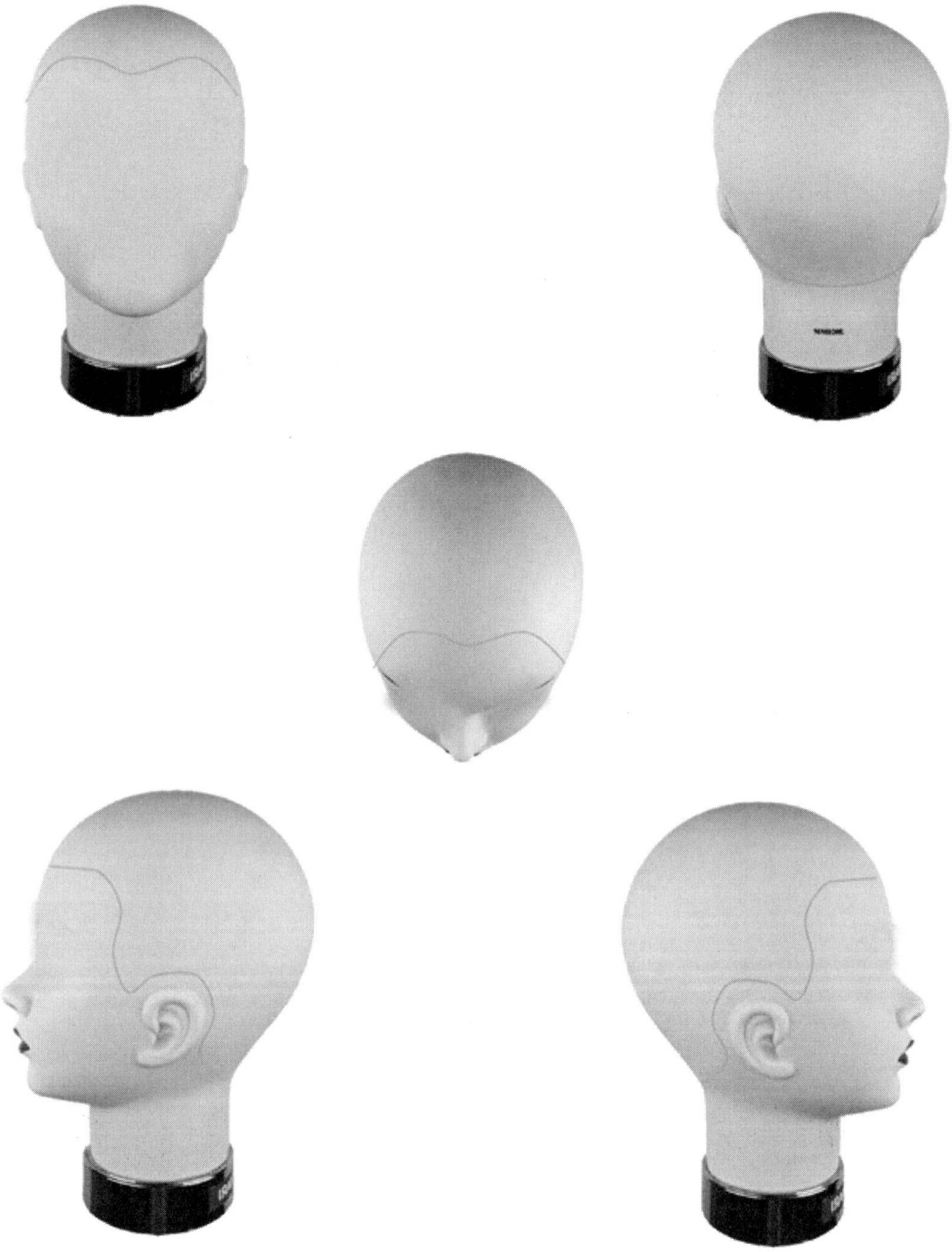

도해도 그리기

학습 2. 헤어 커트 진행하기

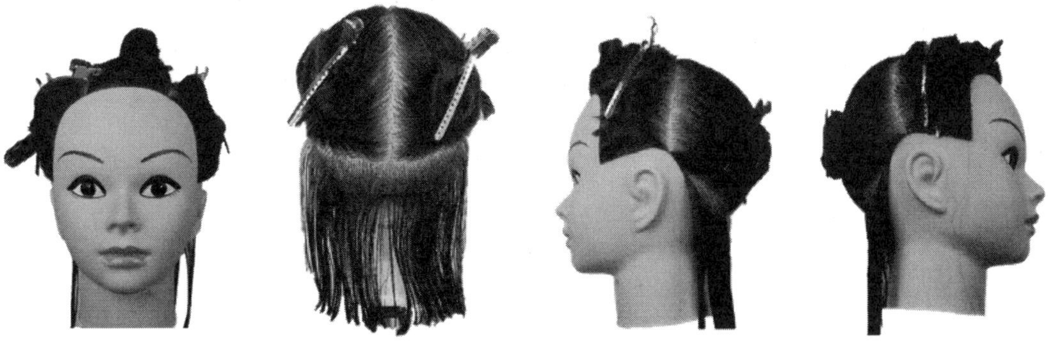

1. 양쪽 F.S.P에서 T.P까지 스퀘어 섹셔닝 한다. 센터를 중심으로 N.P로 1.5cm지점에서 후대각 섹셔닝 한다.

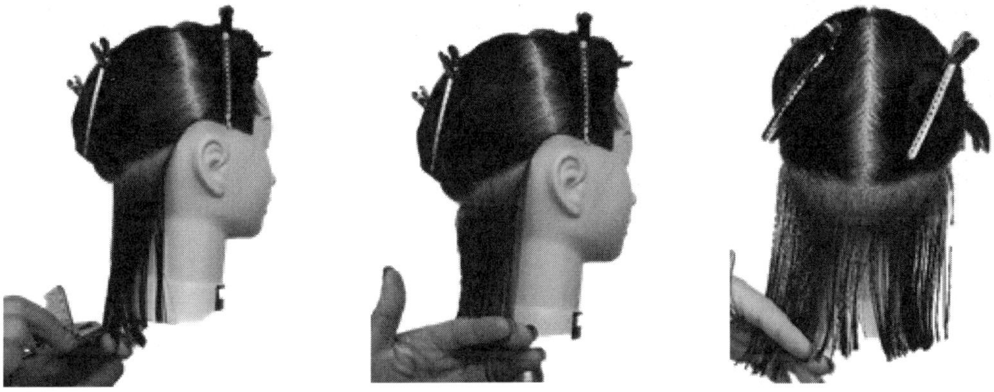

2. N.P에서 가이드를 설정하고 후대각 섹션과 평행으로 커트한다.

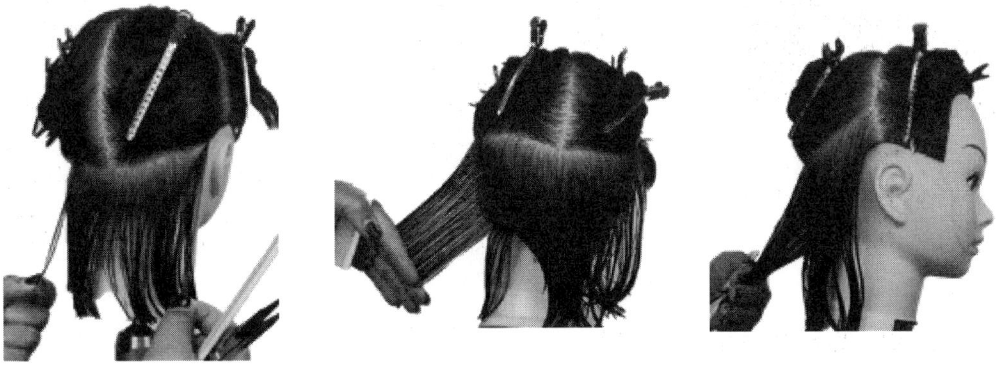

3. 양쪽의 길이가 동일한지 확인하고 2선 15°, 3선 30°, 4선 45° 후대각 커트한다.

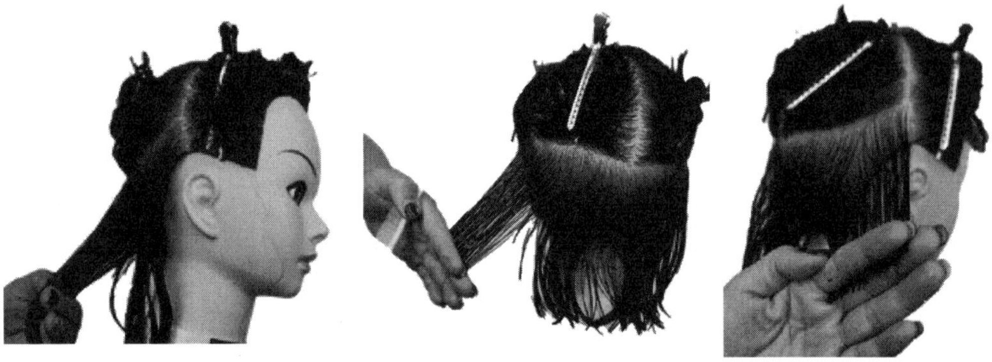

4. 후대각 커트 후 체크를 위한 바이어스 처리한다.

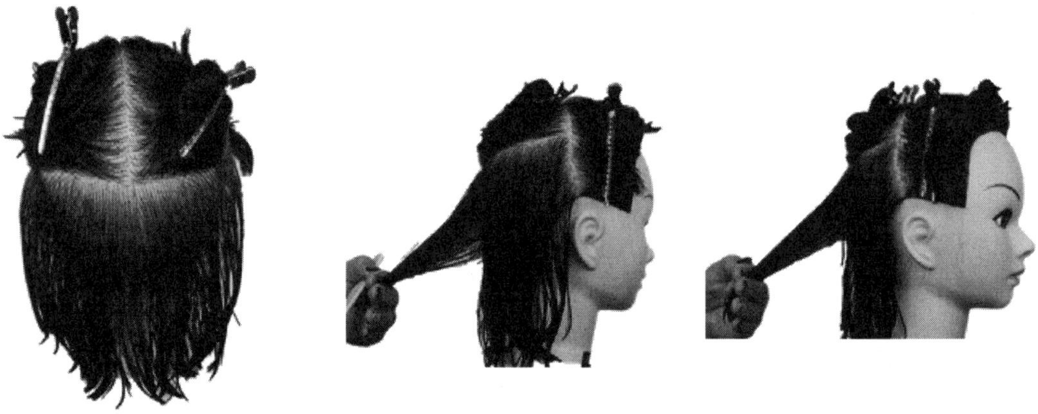

5. 언더 존의 층을 확인 하고 미들 존은 자연 시술각 60°로 들어서 후대각 커트한다.

6. 오버 존도 방향성 빗질하고, 미들 존의 가이드라인에 맞춰서 후대각 커트한다.

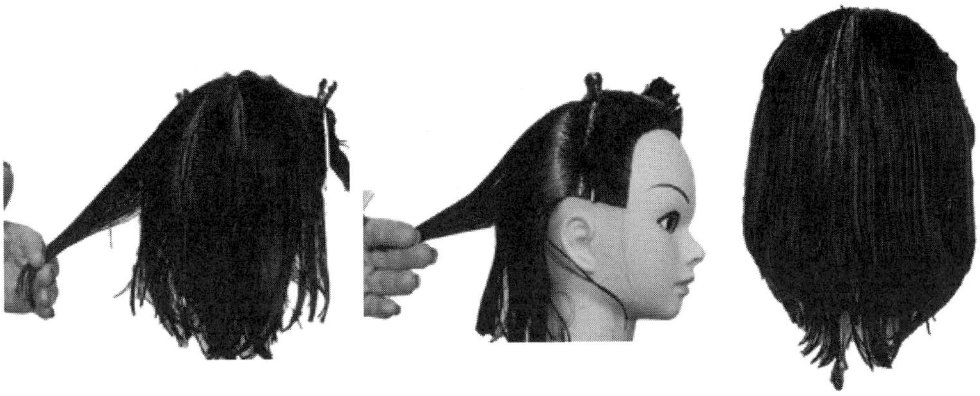

7. 탑에서 방사선 빗질하여 하단의 가이드라인에 맞춰서 후대각 커트하여 60° 경사 컨백스 형태의 그래주에이션을 확인한다.

8. 사이드 방향성 빗질하고 후두부의 가이드라인에 맞춰서 후대각 커트한다. 자연시술각 60°를 확인하면서 후대각 커트한다.

9. 사이즈 전체모발 하단의 가이드라인에 맞춰서 후대각 커트하고, 반대편 사이드도 방향성 빗질하여 후대각 커트한다.

10. 양쪽 S.C.P의 길이가 동일하게 가이드를 설정하고, 후두부의 가이드라인에 맞춰서 왼쪽 사이드 후대각 커트한다.

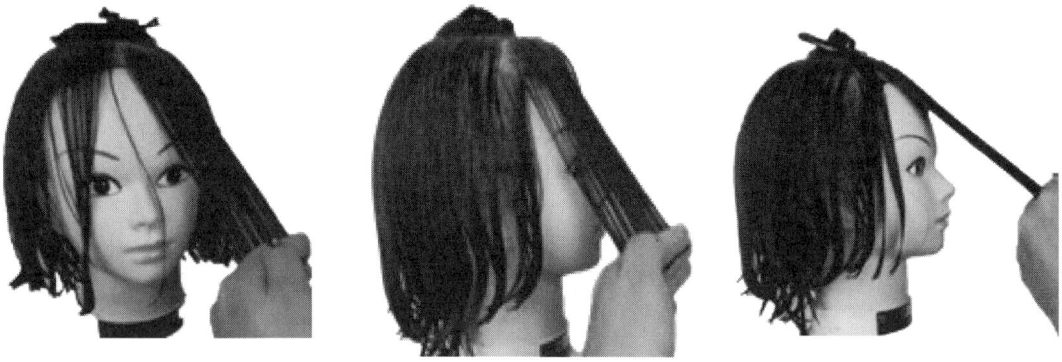

11. 프론트 수평으로 3등분하여 양쪽 사이드의 모발을 가이드라인으로 연결 커트한다. 자연시술각 60°를 확인하면서 마무리한다.

학습 3. 헤어 커트 마무리하기

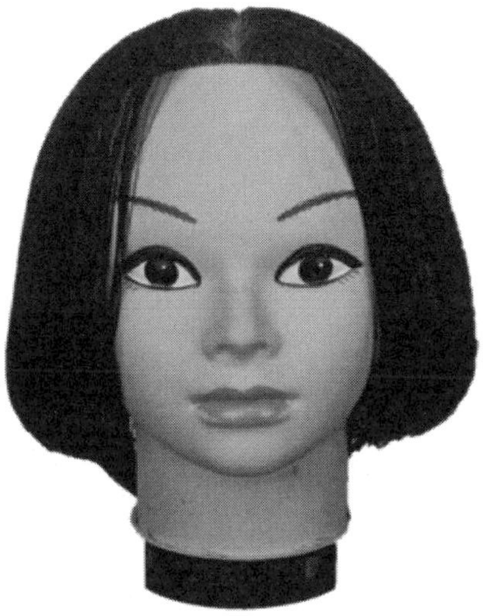

정면

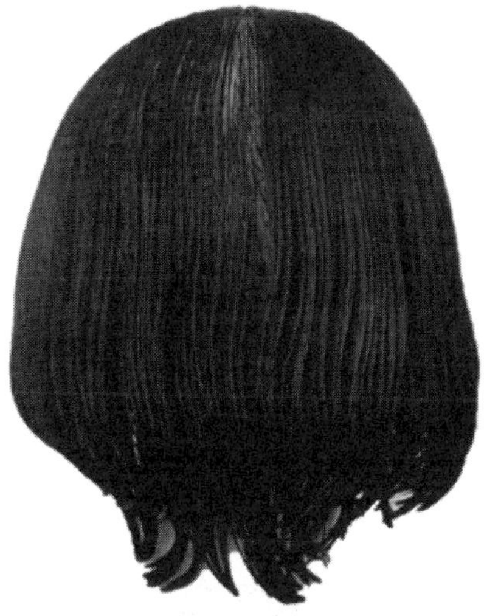

후면

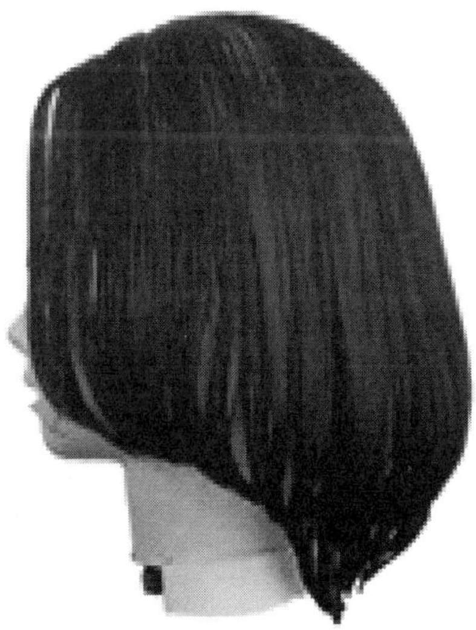

좌측면

우측면

학습 4. 헤어 커트 마무리하기(마무리 스타일링)

	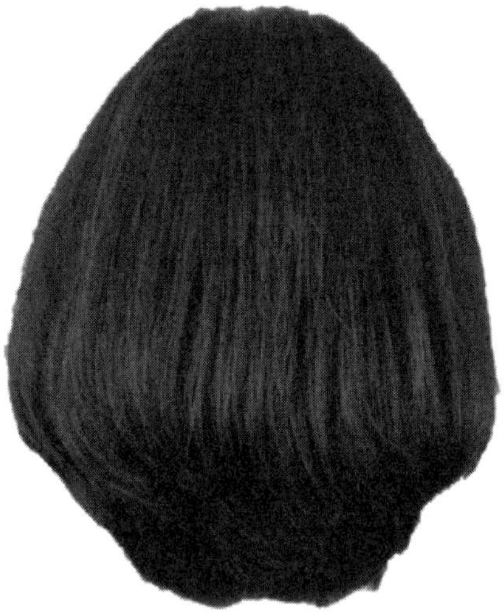
정면	후면
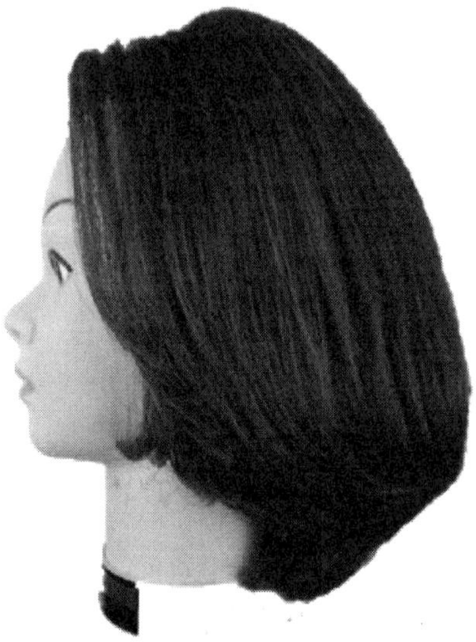	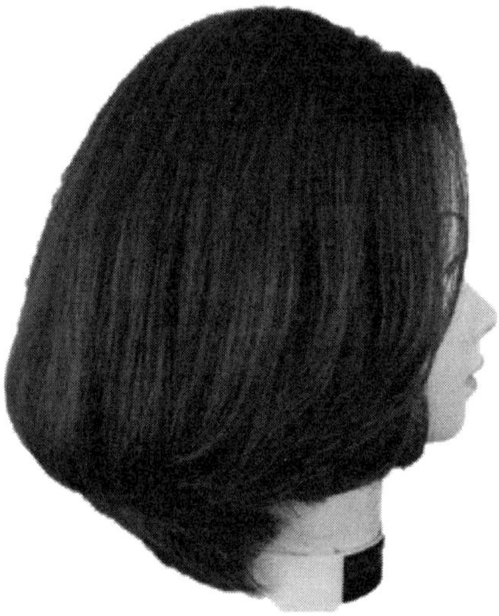
좌측면	우측면

평가 1. 실습 사진을 부착하시오.

정면	후면
좌측면	우측면

평가 2. 학습 내용에 대한 장점, 단점, 느낀점을 작성하시오.

장점 · 단점	
느낀점	
교수자 피드백	

레이어 커트(Layer Cut)

7. 유니폼 레이어 커트(이동디자인)

학습내용 (단원명)	수업 목표
유니폼 레이어 헤어 커트하기	• 커트를 위해 필요한 도구를 사용할 수 있다. • 유니폼 레이어 헤어 커트 형태로 커트할 수 있다. • 유니폼 레이어 헤어 커트 형태를 마무리 할 수 있다.

학습 1. 헤어 커트 준비하기

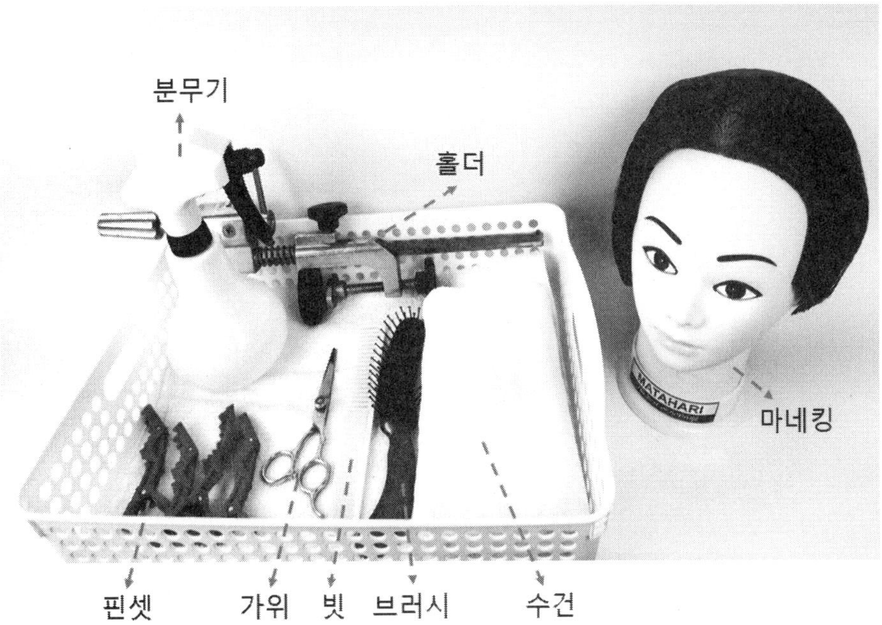

헤어 커트 준비물

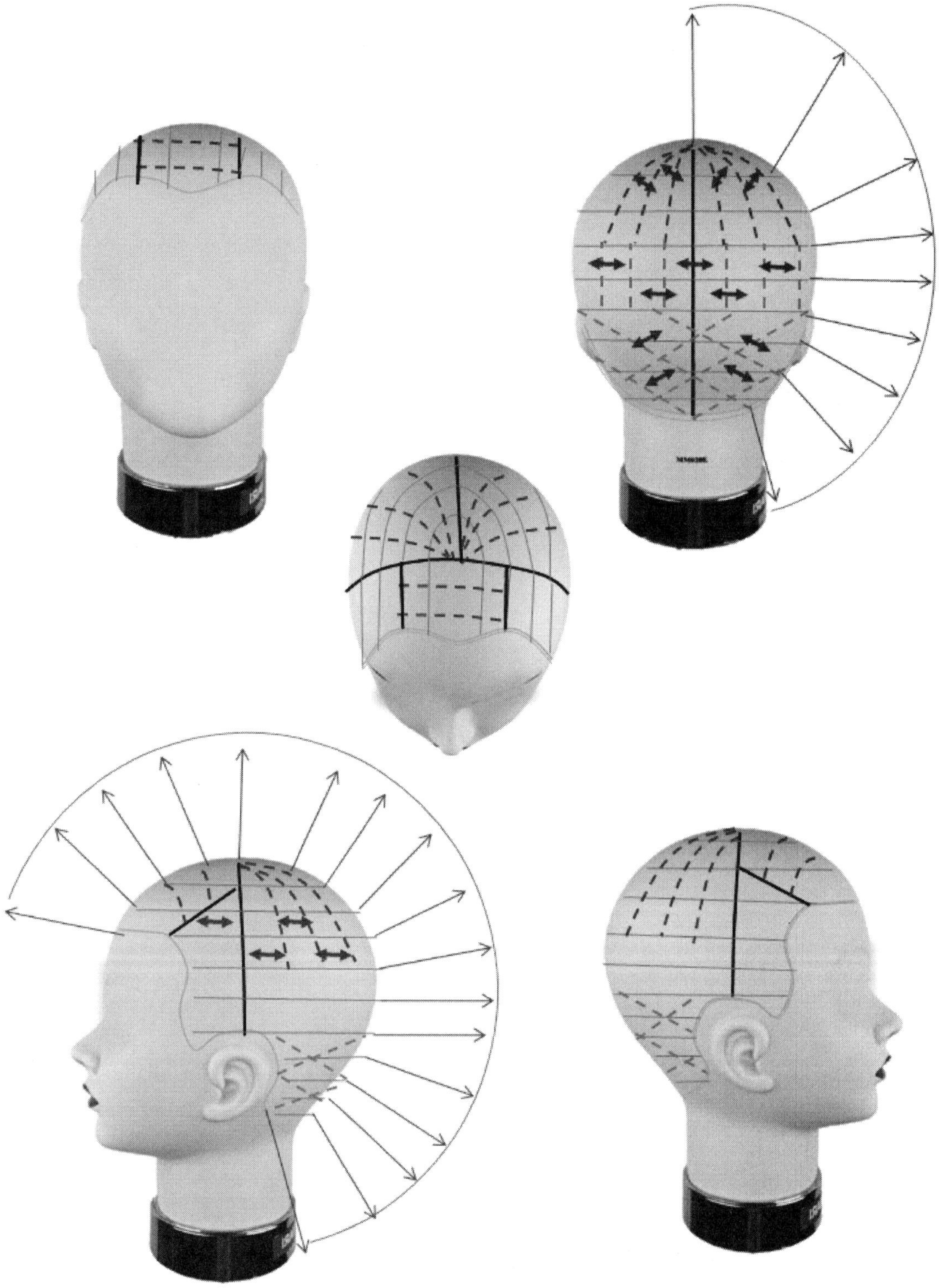

브로킹 섹션 빗질 디자인라인

실습명: **실습일:**

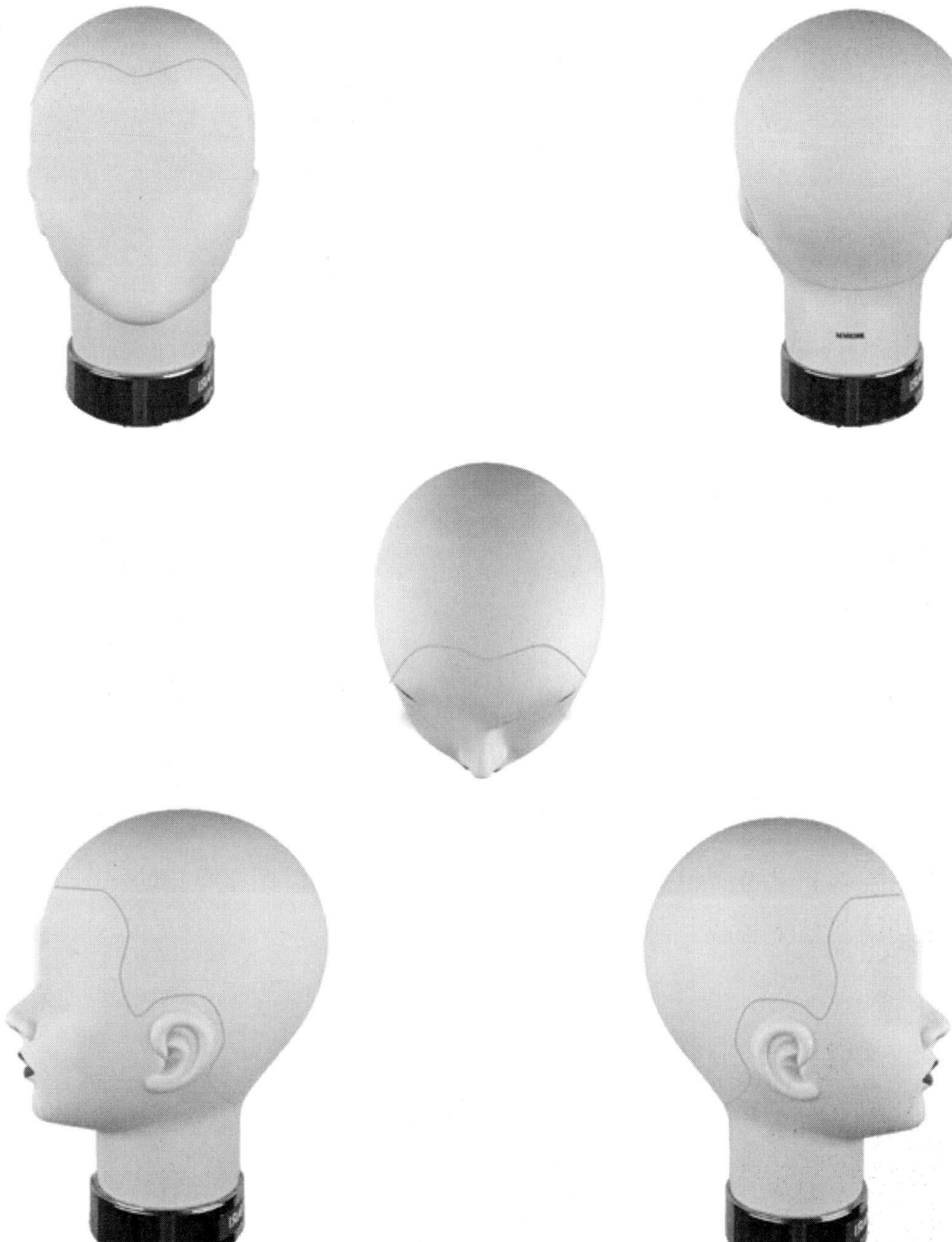

도해도 그리기

학습 2. 헤어 커트 진행하기

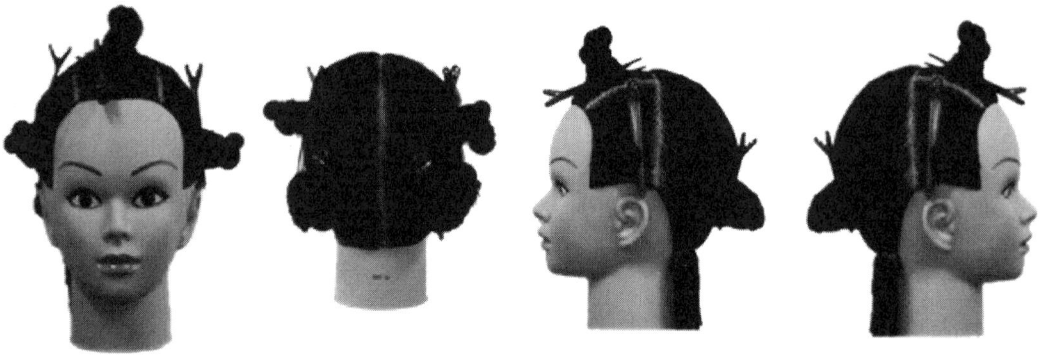

1. 5등분 브로킹을 한다.

2. 가이드는 N.P 8~9cm로 왼쪽 섹션과 평행으로 일반시술각 90° 커트한다. 두상의 곡면대로 섹션과 동일한 컨벡스가 형성된다.

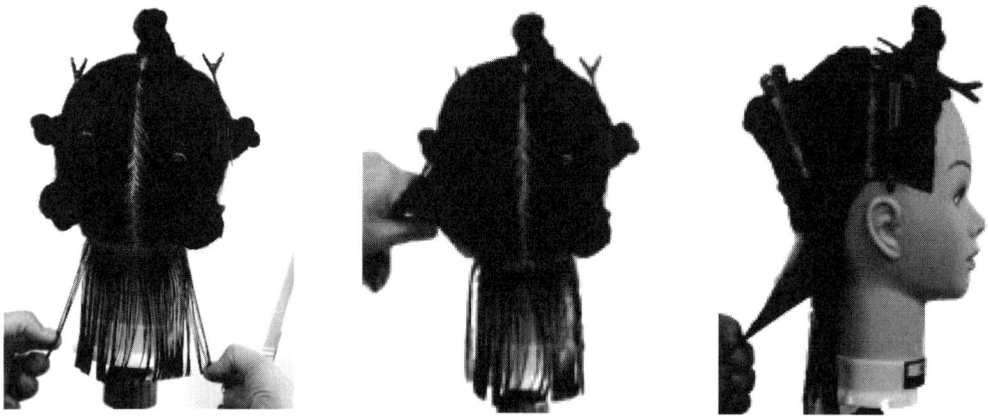

3. 양쪽의 길이가 동일한지 확인한다. 2선 1.5cm 라운드 수평 섹셔닝 하여 패널의 아래쪽이 일반시술각 90°로 커트한다.

4. N.S.P 위로 펼쳐지는 각도는 두상곡면을 고려하여 직각분배로 일반시술각 90°로 커트한다. 3선 센터라인 위로 2cm지점에서 수평 섹셔닝 한다.

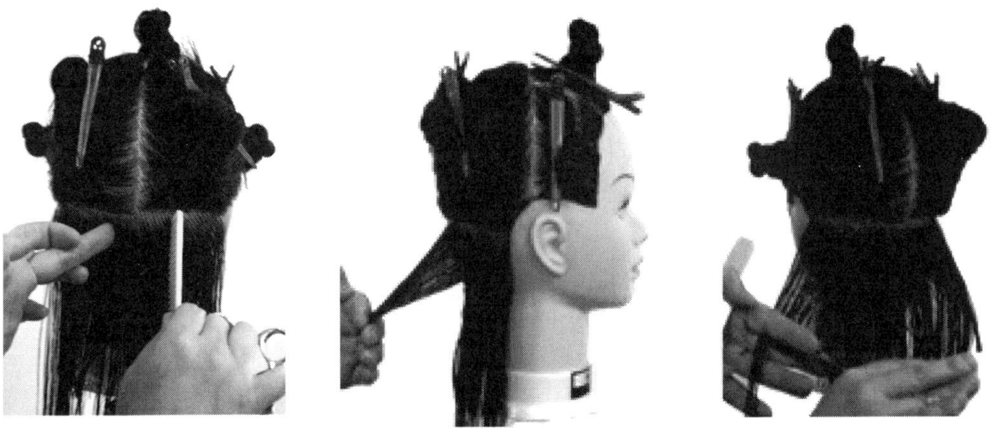

5. 센터부터 4cm폭을 유지하며 커트한다. 두상의 곡면을 고려하여 일반시술각 90° 커트한다. 이동 디자인하여 동일한 길이로 커트한다.

6. 이동 디자인하면 가이드를 연결하면서 코너를 제거하면서 커트해야 둥근 형태의 결과가 나오게 된다. B.P에 오면 체크를 위해 후대각 섹셔닝으로 바이어스 처리한다. 이동 디자인하면서 연결 커트한다.

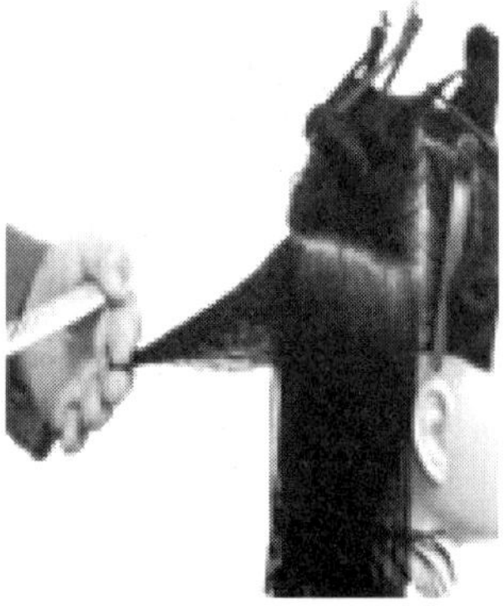

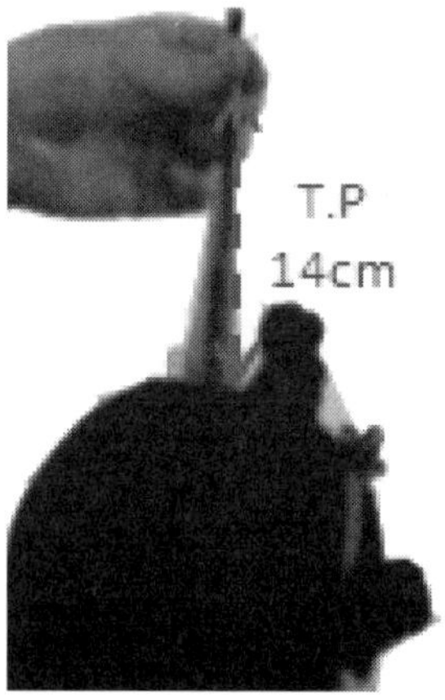

7. 패널의 아래가 일반시술각 90°가 되도록 커트한다. 오른쪽 직각 분배하여 길어지거나 짧아지지 않도록 커트한다. T.P에서 모발을 소량잡고 14cm 새로운 가이드를 설정한다.

8. 탑의 센터부터 방사선 빗질하여 패널을 잡는다. 베이스의 폭은 2cm씩 빗을 섹션에서 부터 반듯하게 들어 빗질한다. 두상의 곡면대로 일반 시술각 90°로 커트한다. 자른 모발의 절반을 가이드로 하여 이동한다.

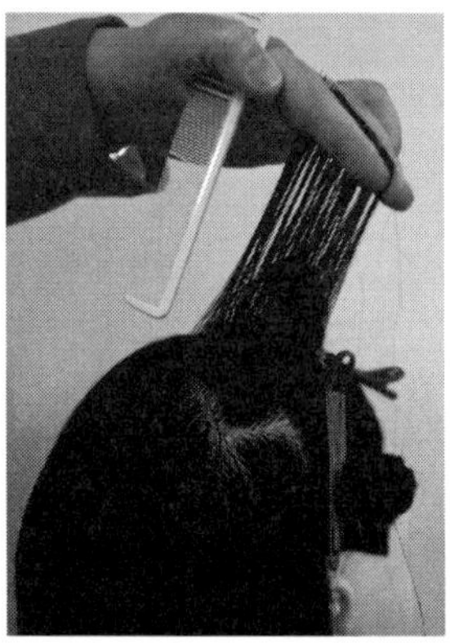

9. 사이드 베이스가 되면 길이의 변화가 오기 때문에 온 베이스 일반 시술각 90°가 되도록 들어서 커트한다.

10. 후두부 커트 완성. 오른쪽 사이드 방향성 빗질하여 1cm 수평 섹셔닝 한다. 1선은 0°로 후두부의 동일선상의 가이드에 맞춰 14cm가 유지 되도록 커트한다.

11. 1선 패널을 다시 빗질하여 일반시술각 90°가 되도록 들어서 커트한다. 90° 직각분배로 커트하고 2선, 3선 하단의 가이드에 맞춰서 커트한다.

12. 왼쪽 사이드 1선 1cm 수평 섹셔닝 한다. 동일선상의 가이드를 찾는다. 대칭이 되도록 양쪽 S.C.P 체크하여 가이드를 설정한다.

13. 반대편 사이드도 후두부의 동일선상에 맞춰서 커트한다. 3선도 패널의 아래쪽이 일반시술각 90°가 되도록 커트한다.

14. 프론트 1cm 수평 섹셔닝 한다. 1선 일반시술각 90°가 되도록 커트 한다. 오른쪽과 왼쪽 연결 커트한다.

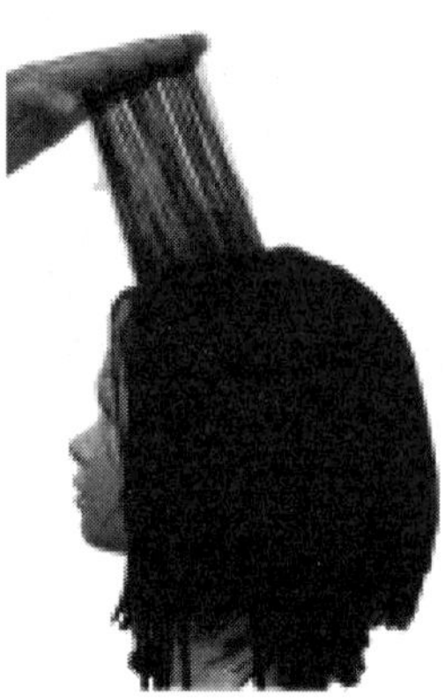  

15. 센터 라인 수직으로 체크 커트한다. 오른쪽 두상의 일반시술각 90° 직각 분배로 연결하고 손등 위에서 커트한다. 프론트 수평과 수직섹션으로 동일한 길이의 레이어 커트한다.

학습 3. 기초 헤어 커트 마무리하기

	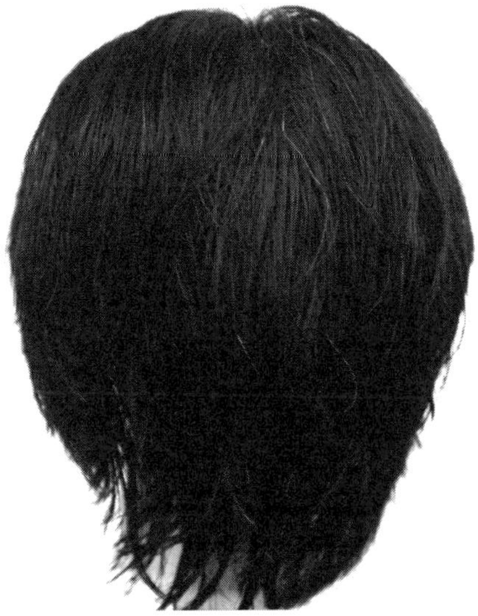
정면	후면
	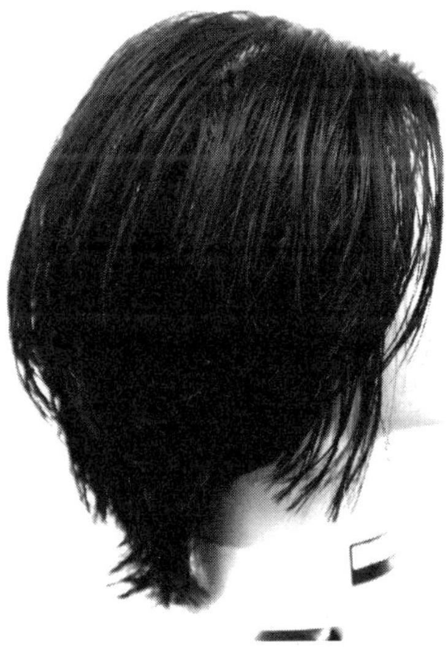
좌측면	우측면

학습 4. 헤어 커트 마무리하기(마무리 스타일링)

정면

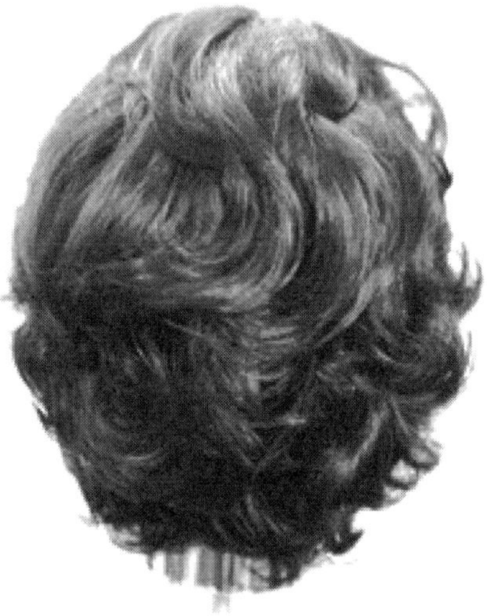

후면

좌측면

우측면

평가 1. 실습 사진을 부착하시오.

정면	후면
좌측면	우측면

평가 2. 학습 내용에 대한 장점, 단점, 느낀점을 작성하시오.

장점 · 단점	
느낀점	
교수자 피드백	

8. 인크리스 레이어 커트(고정 디자인)

학습내용 (단원명)	수업 목표
인크리스 레이어 헤어 커트하기	• 커트를 위해 필요한 도구를 사용할 수 있다. • 고정디자인 인크리스 레이어 헤어 커트 형태로 커트할 수 있다. • 고정디자인 인크리스 레이어 헤어 커트 형태를 마무리 할 수 있다.

학습 1. 헤어 커트 준비하기

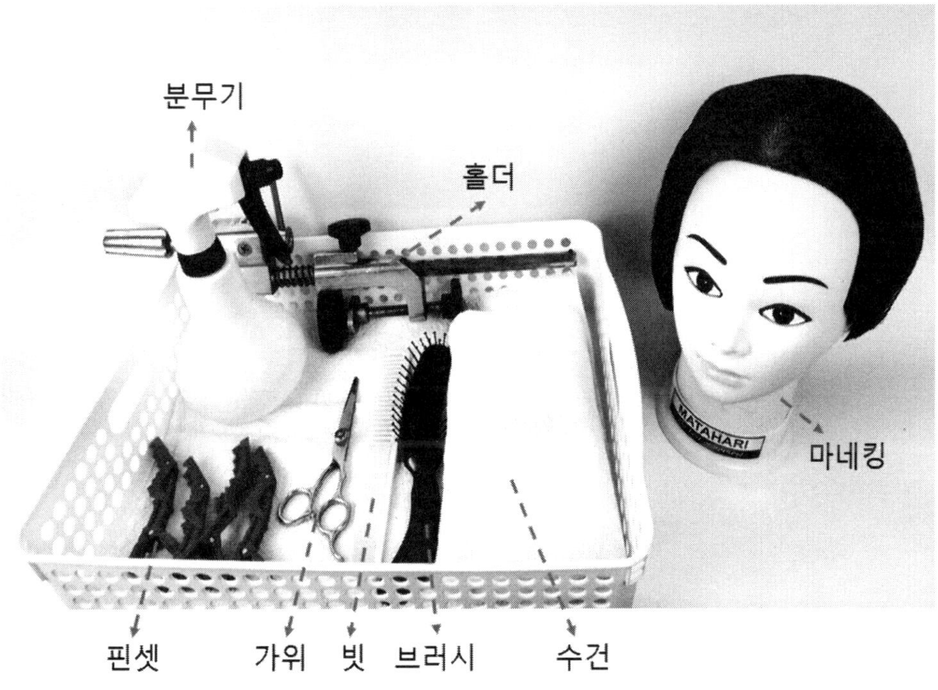

헤어 커트 준비물

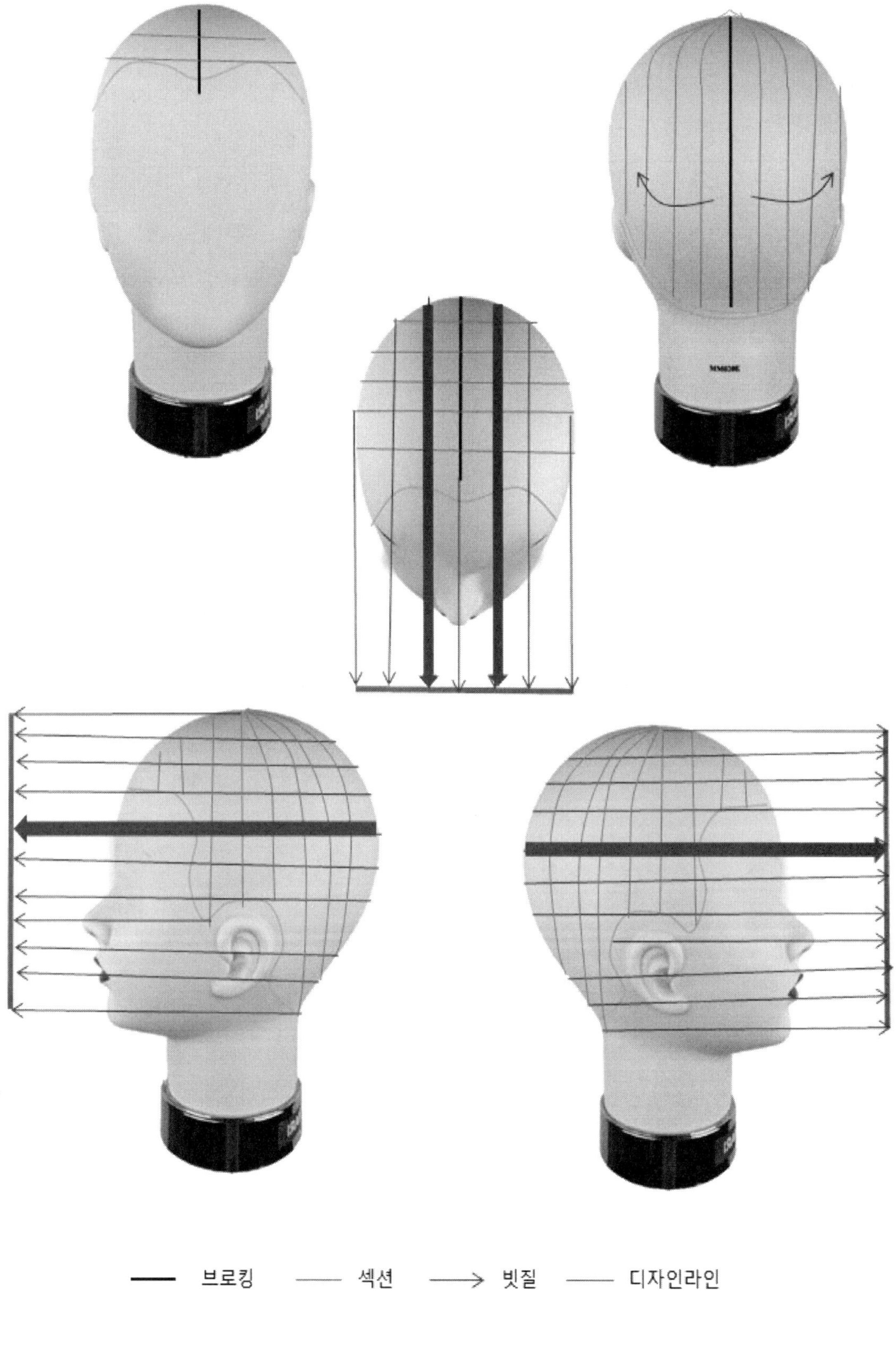

브로킹
섹션
빗질
디자인라인

실습명: **실습일:**

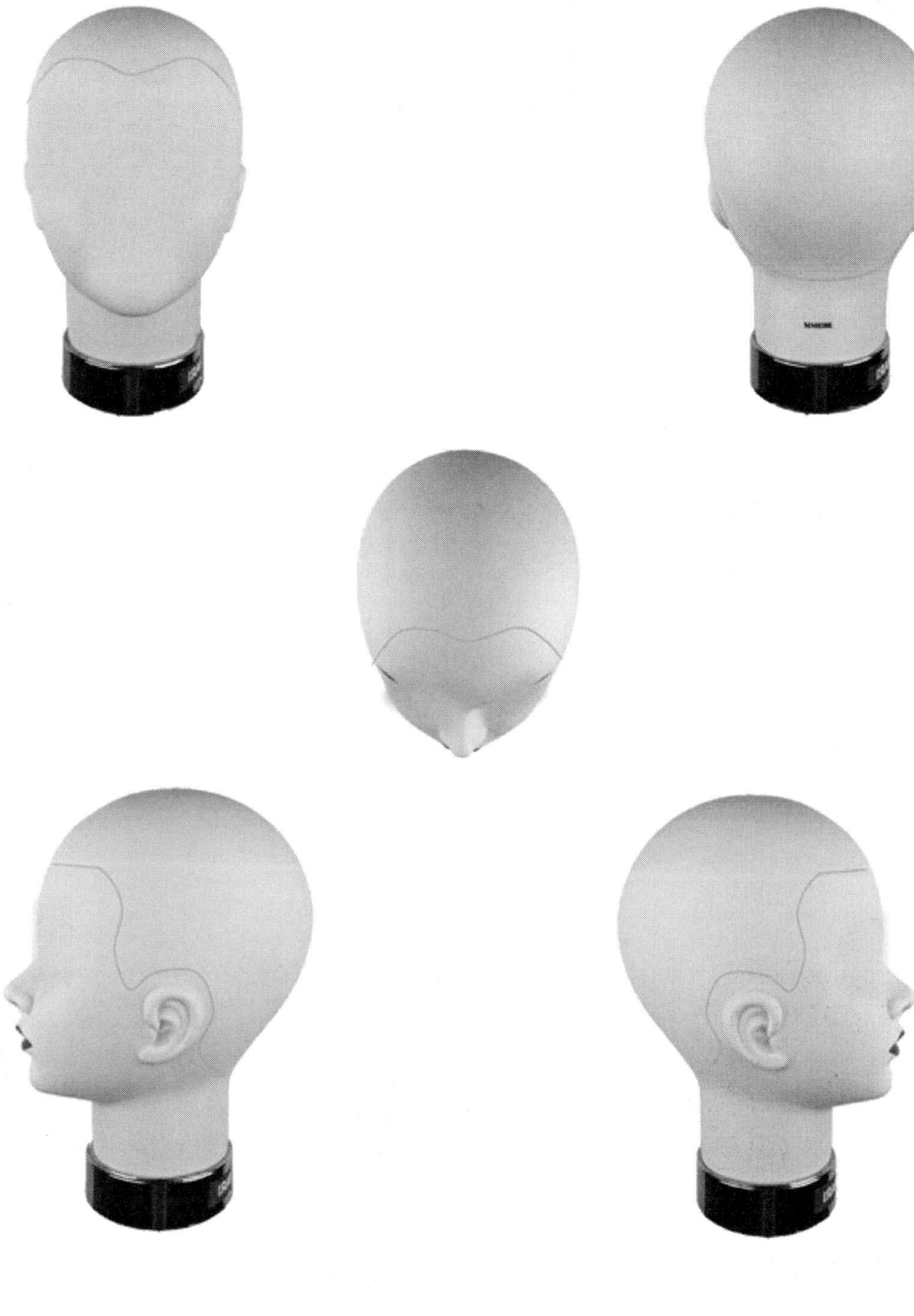

도해도 그리기

학습 2. 기초 헤어 커트 진행하기

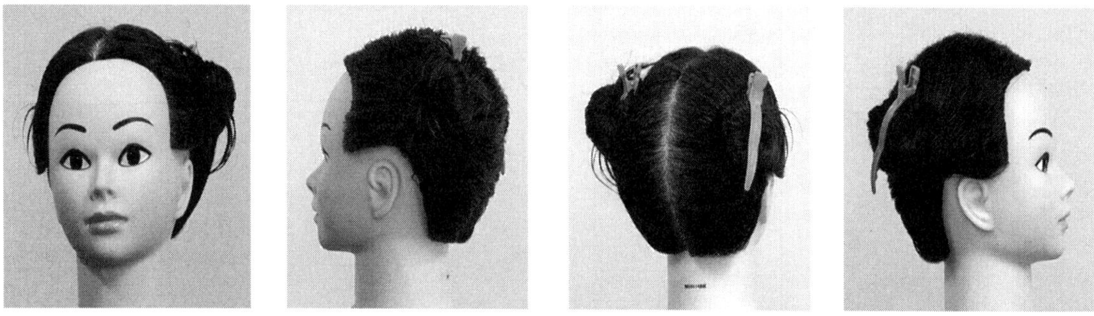

1. 좌우 수직으로 2등분 브로킹 한다.

2. N.P 길이를 기준으로 S.C.P 와 고정 디자인하여 가이드를 설정한다. 바닥과 평행으로 자연 시술각 90°로 고정 디자인 커트한다.

3. 바닥과 수평으로 수직 커트된 상태이다. 얼굴 쪽에서 90° 고정디자인 커트된 모습과 한쪽 사이드를 내려 빗질하면 자연스럽게 층이 형성된 것을 확인할 수 있다.

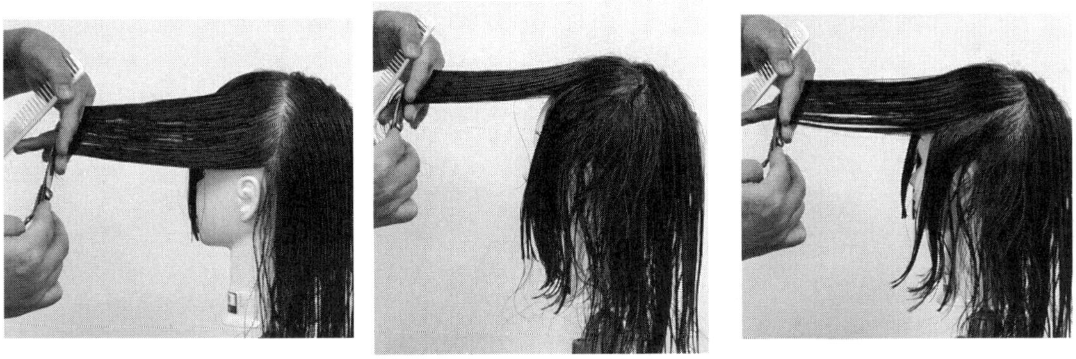

4. 2선 수직 섹션 하여 얼굴 쪽으로 방향성 빗질하여 가이드에 맞춰서 고정 디자인 커트한다,.

5. 3선, 4선, 5선 얼굴 쪽으로 방향성 빗질하고, 바닥과 평행의 자연 시술각 90° 고정 디자인 커트한다,

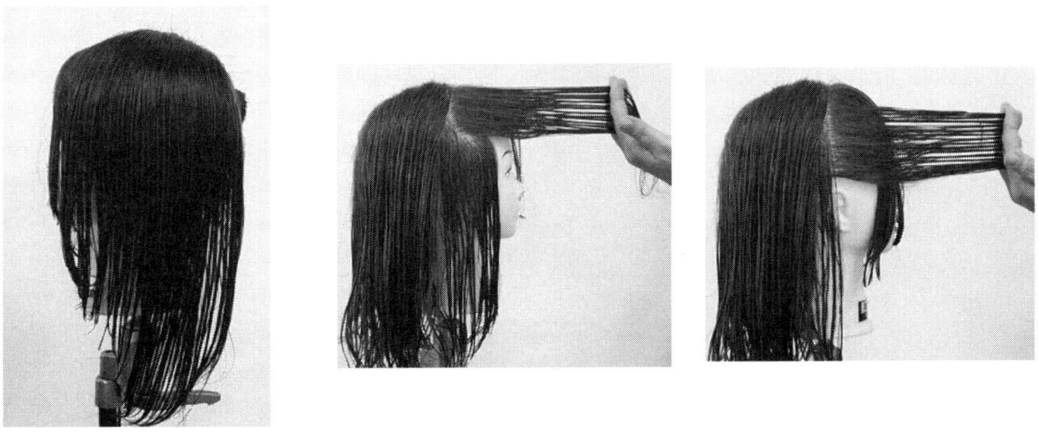

6. 왼쪽 사이드 커트가 끝난 상태로 20cm 이상의 단차가 형성 되었다. 반대쪽 사이드 동일한 방법으로 가이드를 설정하고, 방향성 빗질과 고정 디자인 커트한다.

7. 얼굴 쪽으로 방향성 빗질하고, 고정 디자인 커트 한다. 두피에서부터 텐션을 주어 정확하게 수직 빗질하여야 한다.

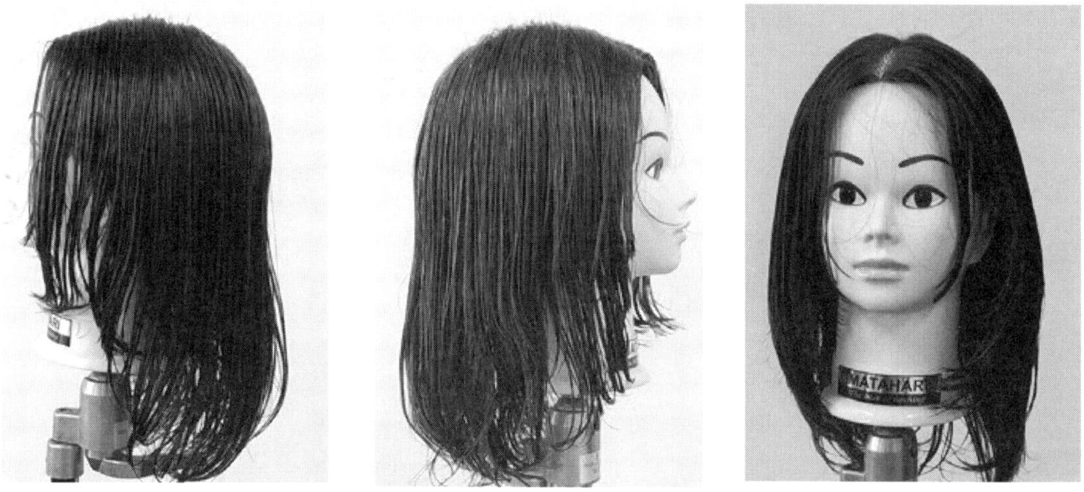

8. 사이드 전체 모발을 얼굴 쪽으로 방향성 빗질과 고정 디자인 커트하여 인크리스 레이어 커트가 완성되었다.

학습 3. 헤어 커트 마무리하기

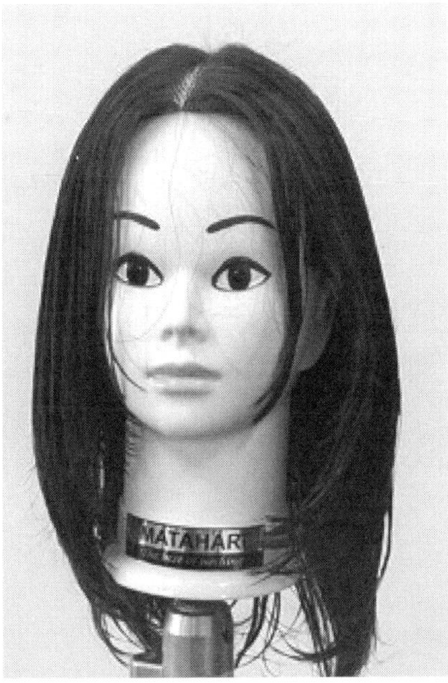

정면

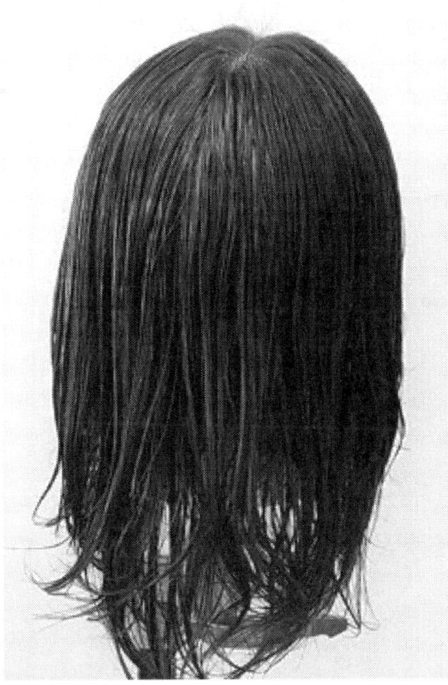

후면

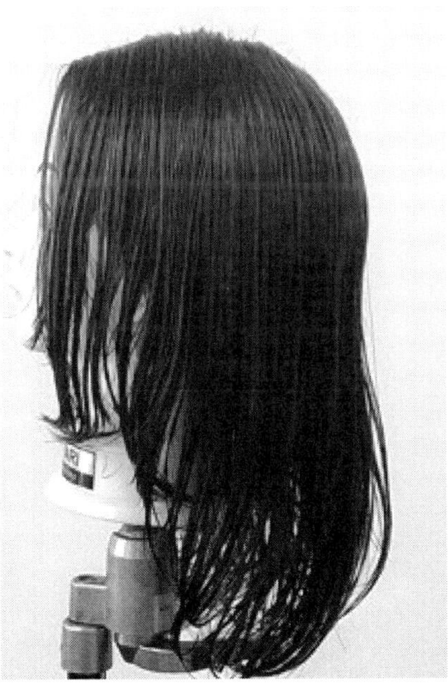

좌측면

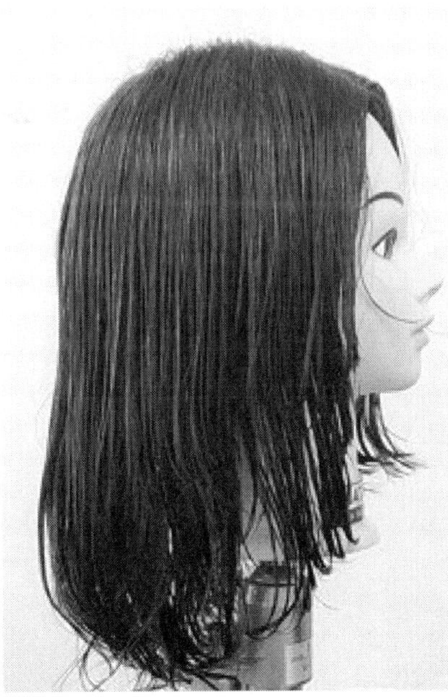

우측면

학습 4. 헤어 커트 마무리하기(마무리 스타일링)

정면

후면

좌측면

우측면

평가 1. 실습 사진을 부착하시오.

정면	후면
좌측면	우측면

평가 2. 학습 내용에 대한 장점, 단점, 느낀점을 작성하시오.

장점 · 단점	
느낀점	
교수자 피드백	

9. 인크리스 레이어 커트(스퀘어)

학습내용 (단원명)	수업 목표
인크리스 레이어 헤어 커트하기	• 커트를 위해 필요한 도구를 사용할 수 있다. • 스퀘어 인크리스 레이어 헤어 커트 형태로 커트할 수 있다. • 스퀘어 인크리스 레이어 헤어 커트 형태를 마무리 할 수 있다.

학습 1. 헤어 커트 준비하기

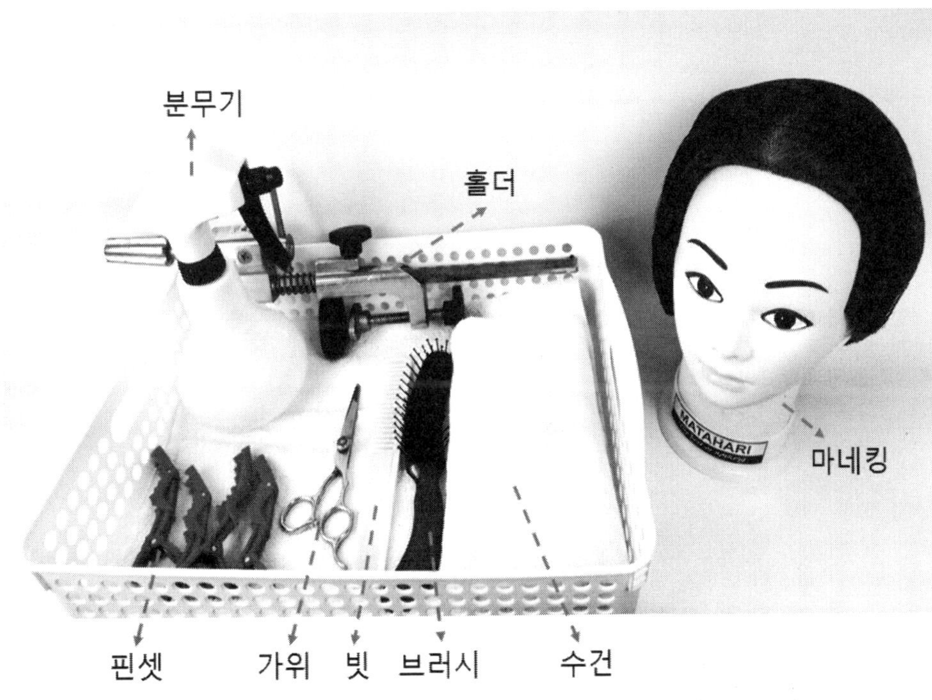

헤어 커트 준비물

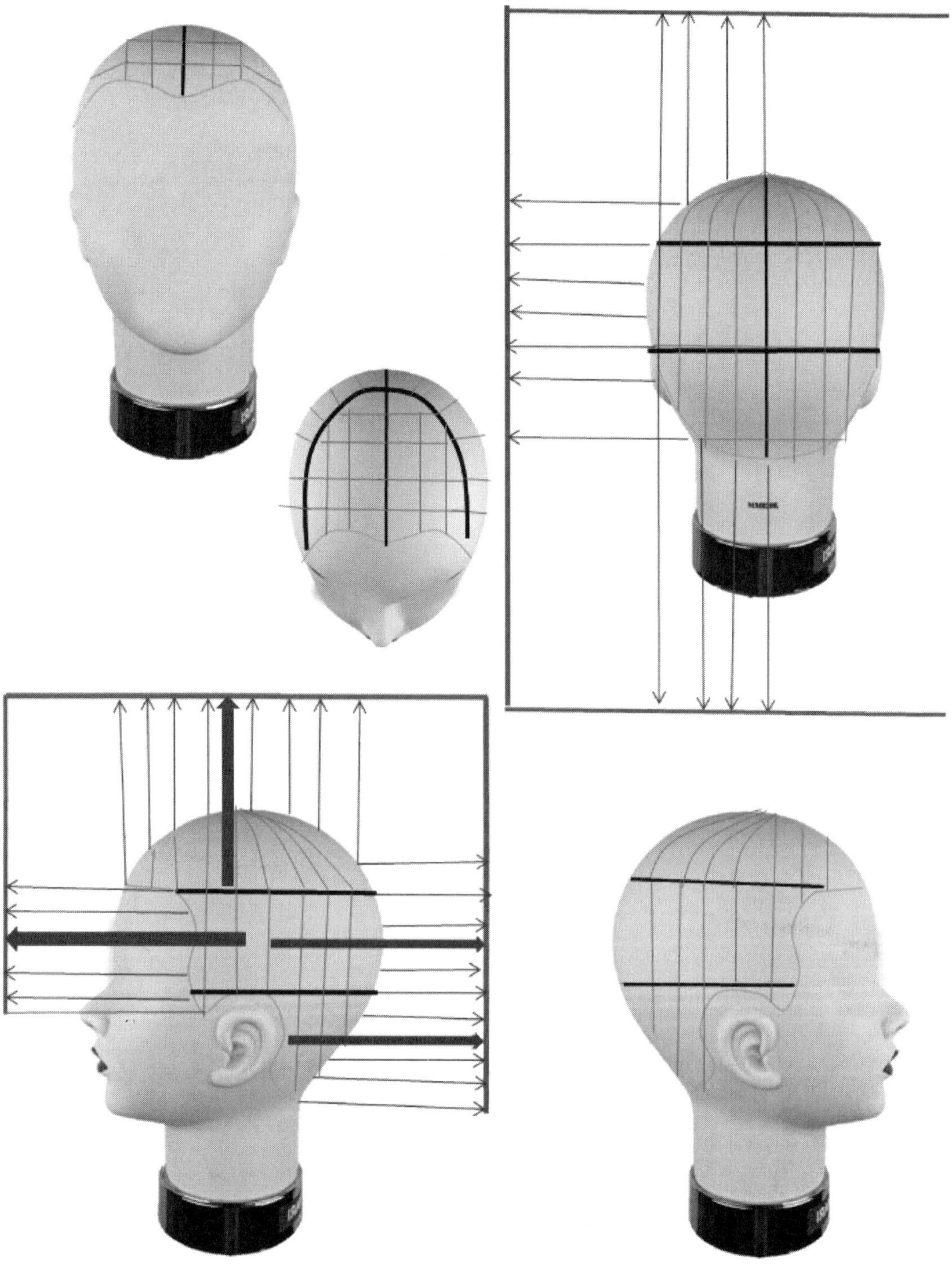

브로킹 섹션 빗질 디자인라인

실습명: **실습일:**

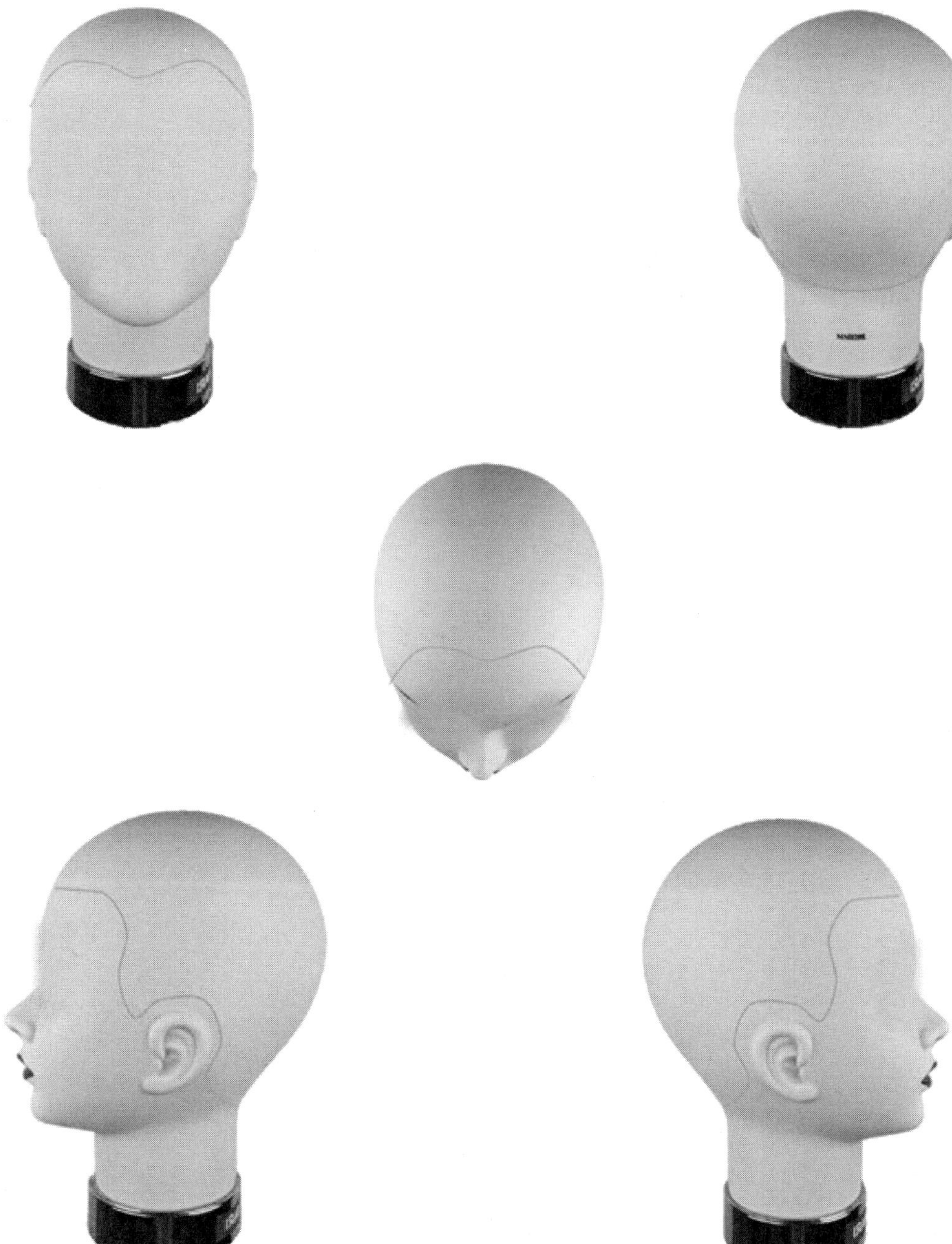

도해도 그리기

학습 2. 헤어 커트 진행하기

1. 센터 라인을 나누고, 양쪽 F.S.P에서 G.P까지 U라인 섹셔닝 한다. E-B-E.L 수평 섹셔닝 한다. 크래스트를 중심으로 인테리어와 엑스테리어로 두상을 3등분 하는데, 모량에 따라서 수평 섹션하여 4~5등분 한다.

2. B.P에서 가이드를 설정하고 수직섹션으로 트랜드를 잡고 고정 디자인 커트한다. 바닥과 평행이 될 수 있도록 자연시술각 0°로 수직 커트한다.

3. 두상을 고정시키고 스트랜드를 텐션있게 잡고 후두부 고정디자인 위치에서 커트한다. 미들 존도 언더존과 마찬가지로 고정디자인 커트 한다.

4. 센터의 가이드를 중심으로 고정디자인을 위한 사이드 베이스 한다. 사이드까지 뒤로 당겨 고정디자인 한다.

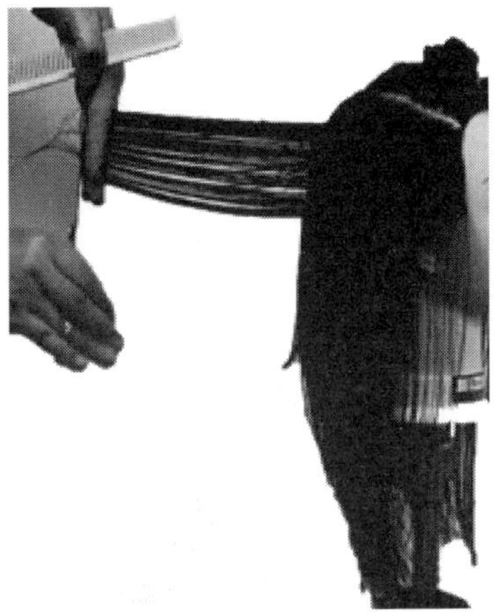

5. 미들존도 언더 존의 가이드를 기준으로 두피에서부터 수직 빗질하여 수직섹션으로 고정디자인 커트한다. 센터에서 시작하여 오른쪽 커트 한다.

6. 왼쪽도 고정디자인 커트한다. 미들존까지 커트된 상태의 모양이다.

7. G.P 모발을 가이드로 탑으로 끌어올려 일직선이 되도록 가이드 라인을 잡는다.

8. 프론트 3선으로 수평섹션 커트 하고 수직으로 크로스 체크 커트 한다.

9. 오버 존 까지 커트가 끝나고 나면 고정 디자인 커트된 모습을 확인할 수 있다.

학습 3. 헤어 커트 마무리하기

정면	후면

좌측면	우측면

학습 4. 헤어 커트 마무리하기(마무리 스타일링)

정면

후면

좌측면

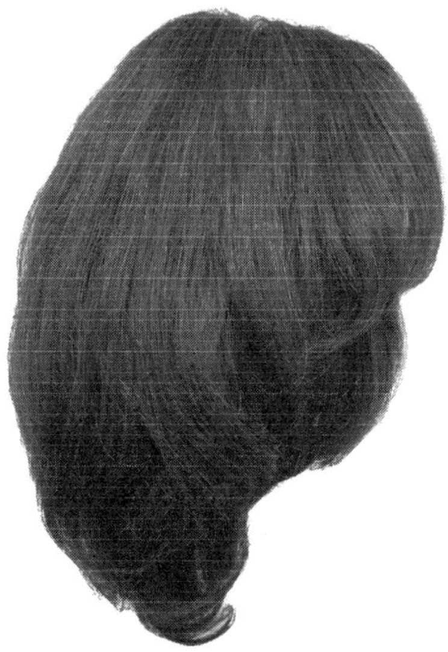

우측면

평가 1. 실습 사진을 부착하시오.

정면	후면
좌측면	우측면

평가 2. 학습 내용에 대한 장점, 단점, 느낀점을 작성하시오.

장점 · 단점	
느낀점	
교수자 피드백	

10. 인크리스 레이어 커트(이동 디자인)

학습내용 (단원명)	수업 목표
인크리스 레이어 헤어 커트하기	• 커트를 위해 필요한 도구를 사용할 수 있다. • 이동디자인 인크리스 레이어 헤어 커트 형태로 커트할 수 있다. • 이동디자인 인크리스 레이어 헤어 커트 형태를 마무리 할 수 있다.

학습 1. 헤어 커트 준비하기

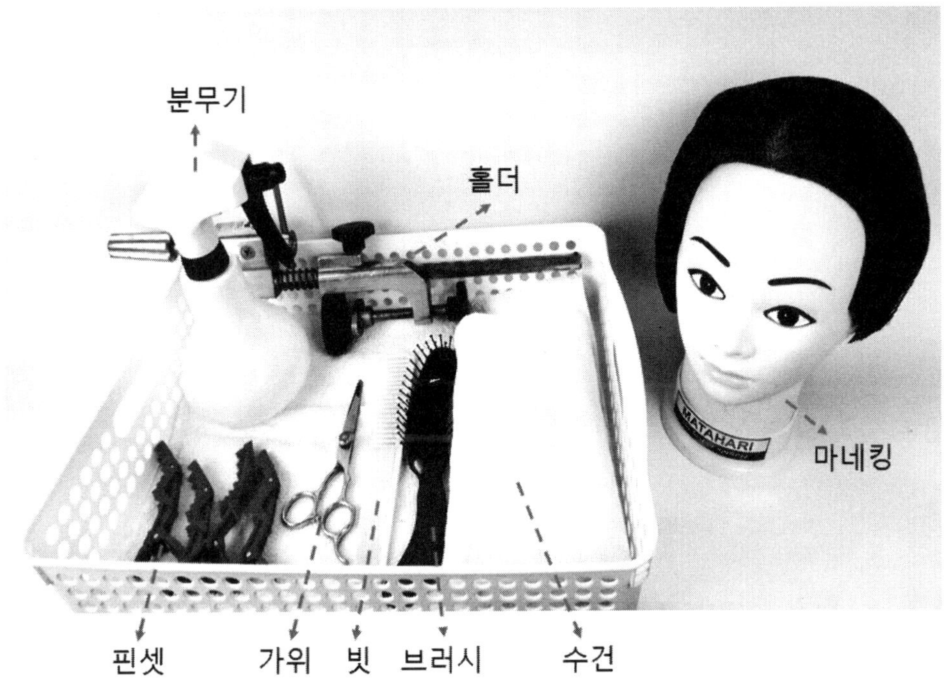

헤어 커트 준비물

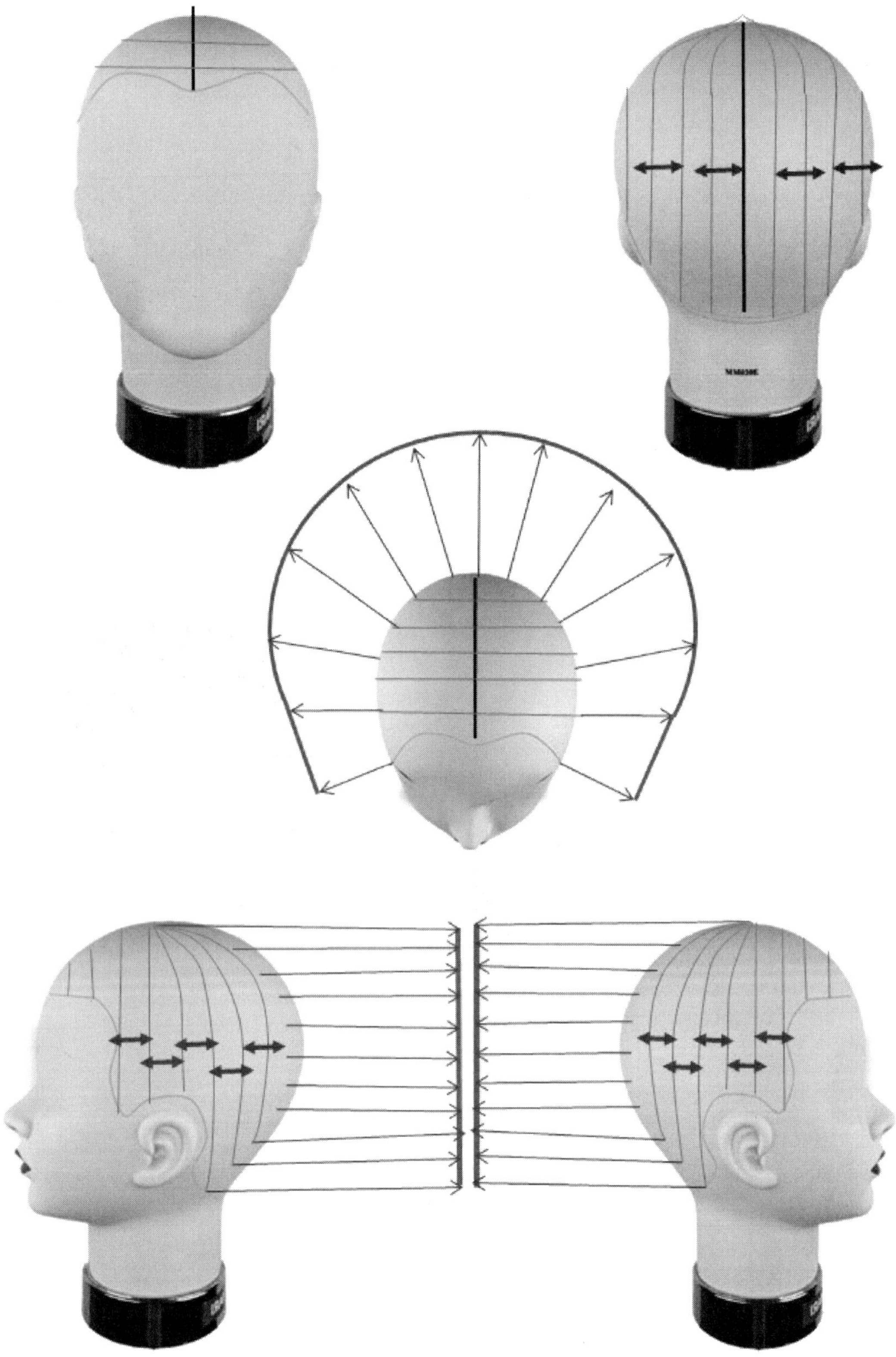

브로킹 섹션 빗질 디자인라인

실습명: **실습일:**

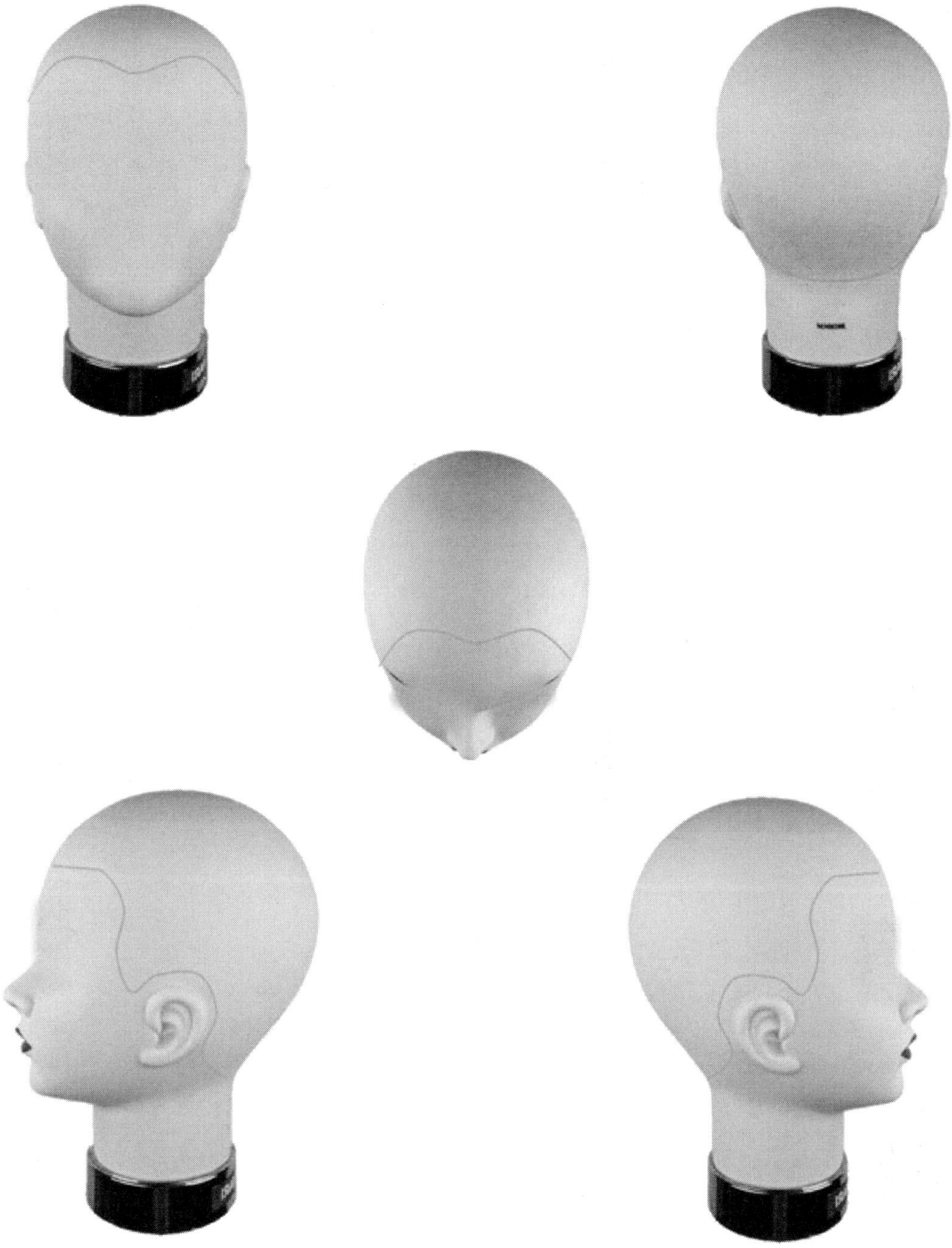

도해도 그리기

학습 2. 헤어 커트 진행하기

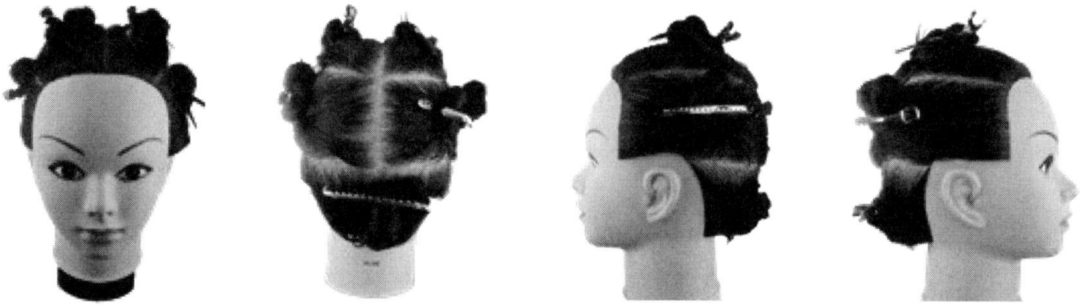

1. 센터 라인을 나누고, 양쪽 F.S.P에서 G.P까지 U라인 섹셔닝 한다. E-B-E.L 수평 섹셔닝 한다. 크래스트를 중심으로 인테리어와 엑스테리어로 두상을 3등분 하는데, 모량에 따라서 더 작게 등분으로 나눌 수 있다.

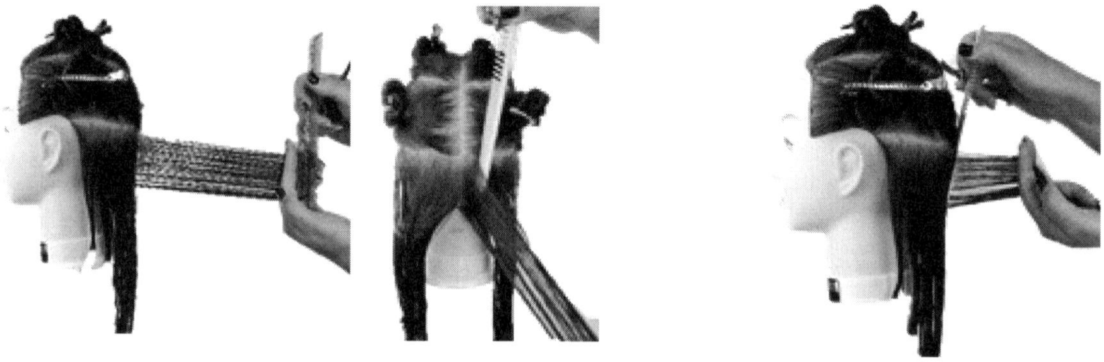

2. B.P에서 기준길이를 정하고, 자연 시술각 90°로 바닥과 평행을 직각 분배하여 수직 커트한다. 센터에서 가이드라인을 정하고 오른쪽으로 이동디자인 한다.

3. 가이드라인에 맞추어 오른쪽 커트 후 왼쪽 동일한 길이로 이동 디자인 한다.

4. 언더 존 후대각 섹션으로 체크 커트한다. 내려 빗질하면 컨백스 형태가 완성된다.

5. 미들 존 4cm 간격으로 패널을 잡고 B.P가이드를 기준으로 수직 커트한다. 방사선 섹션으로 빗질하여 센터의 가이드를 중심으로 이동 디자인 커트한 다.

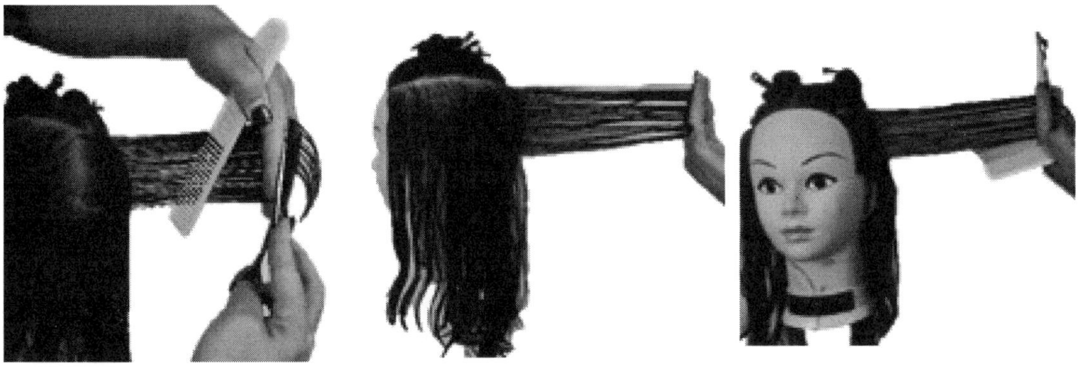

6. 언더 존의 가이드와 센터의 가이드에 맞춰서 양쪽 모두 동일하게 이동 디자인 커트한다.

7. 오버존 방사선 섹션으로 이동 디자인하여 수직 커트한다.

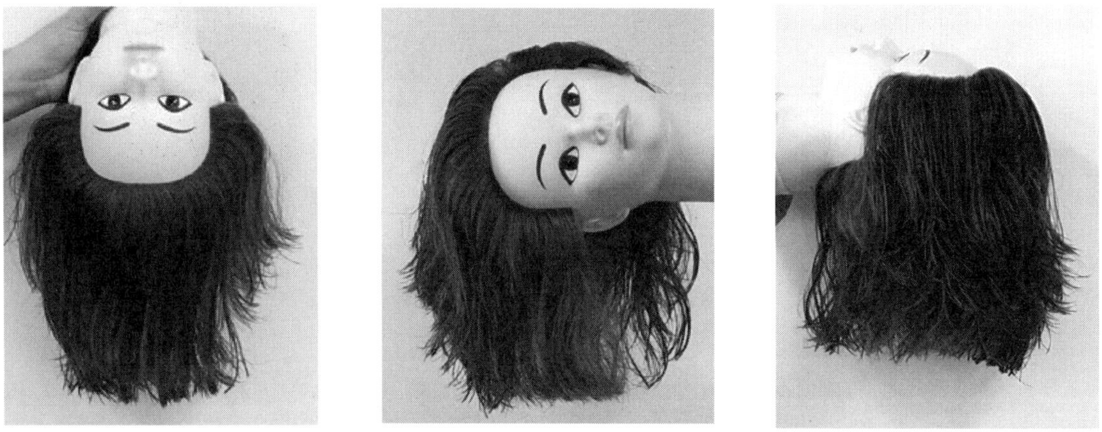

8. 양쪽 동일하게 커트 하면 후두부에서 둥근 형태의 컨백스 라인을 확인 할 수 있다.

학습 3. 헤어 커트 마무리하기(마무리 스타일링)

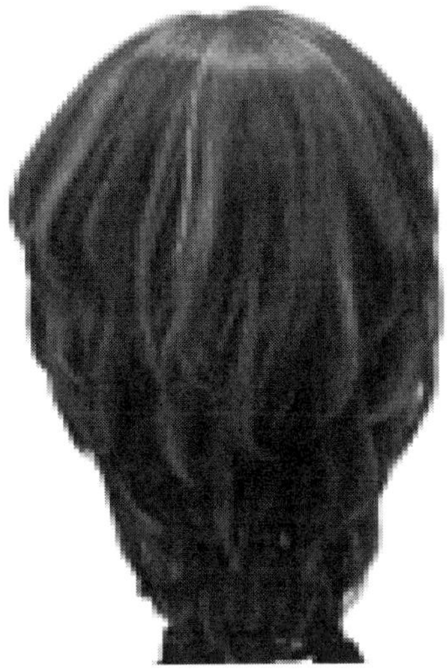

정면	후면

좌측면	우측면

평가 1. 실습 사진을 부착하시오.

정면	후면
좌측면	우측면

평가 2. 학습 내용에 대한 장점, 단점, 느낀점을 작성하시오.

장점 · 단점	
느낀점	
교수자 피드백	

11. 혼합형 커트

학습내용 (단원명)	수업 목표
혼합형 헤어 커트하기	• 혼합형 커트를 위해 필요한 도구를 사용할 수 있다. • 혼합형 헤어 커트 형태로 커트할 수 있다. • 혼합형 헤어 커트 형태를 마무리 할 수 있다.

학습 1. 헤어 커트 준비하기

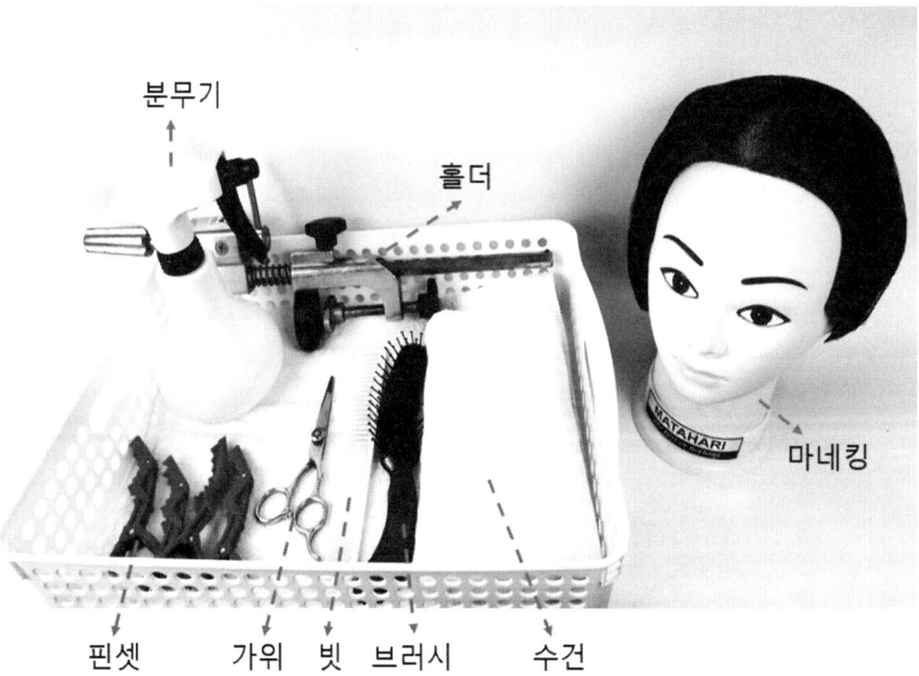

헤어 커트 준비물

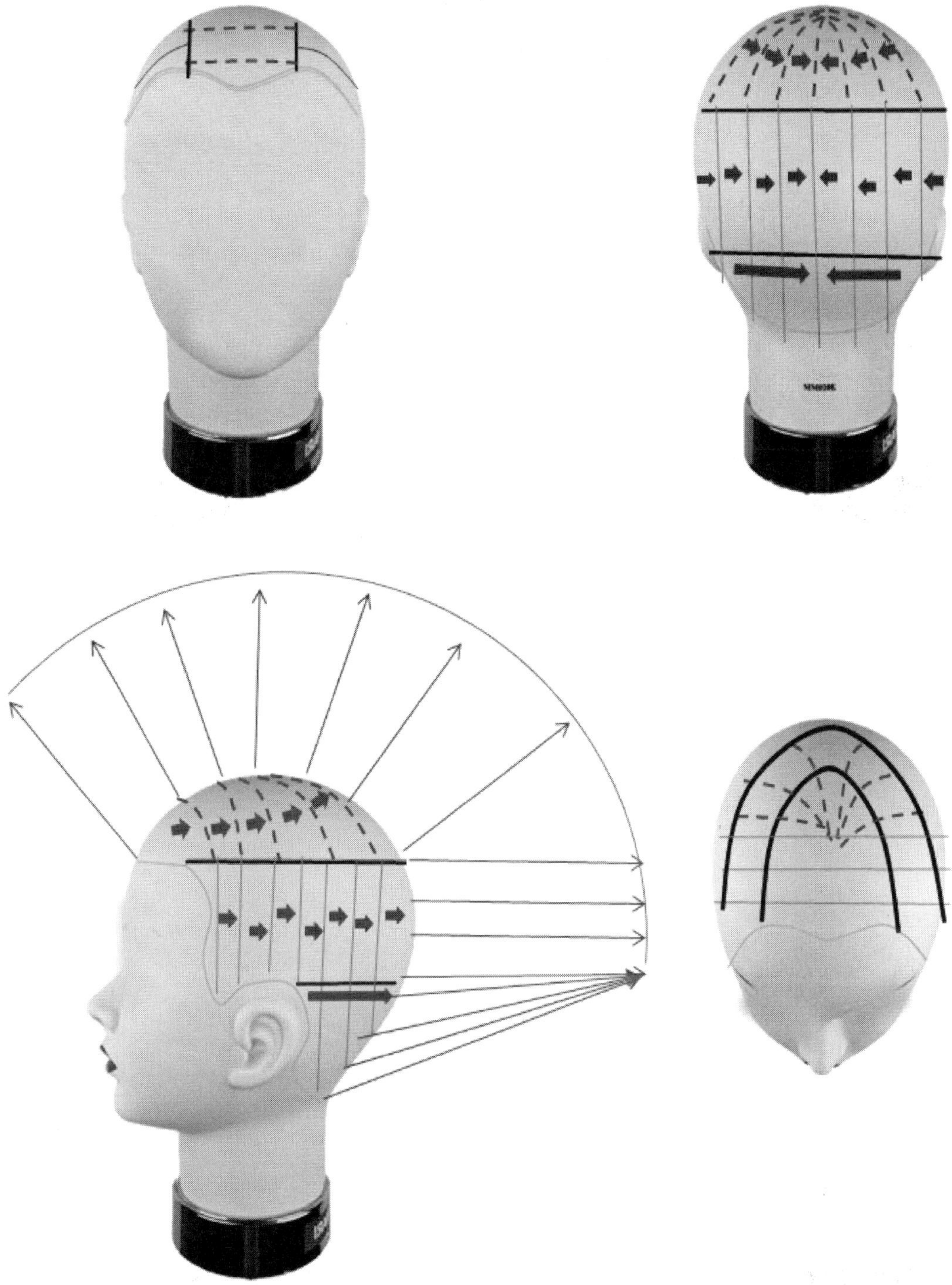

— 브로킹 ⋯ 섹션 → 빗질 — 디자인라인

실습명: **실습일:**

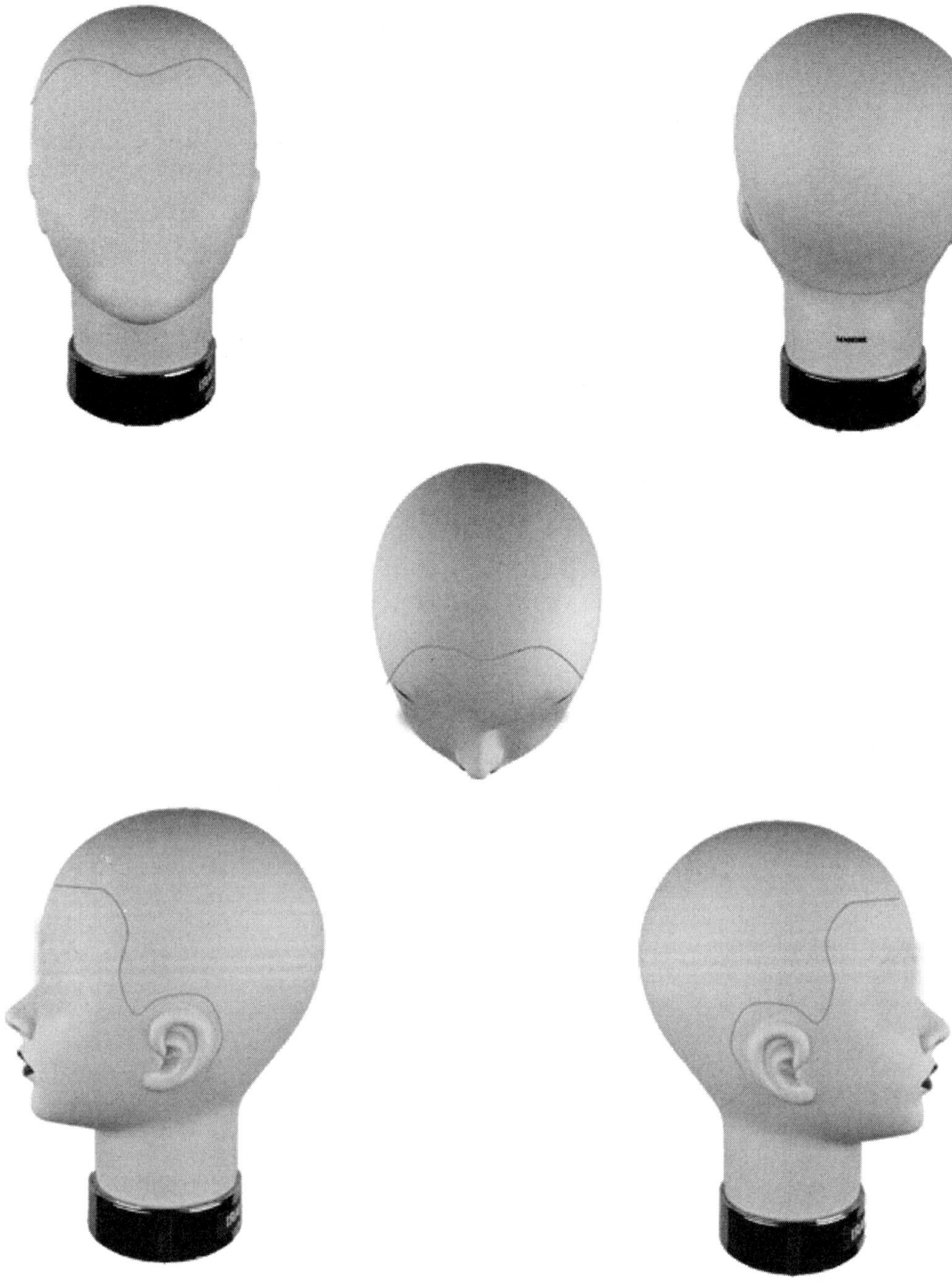

도해도 그리기

학습 2. 헤어 커트 진행하기

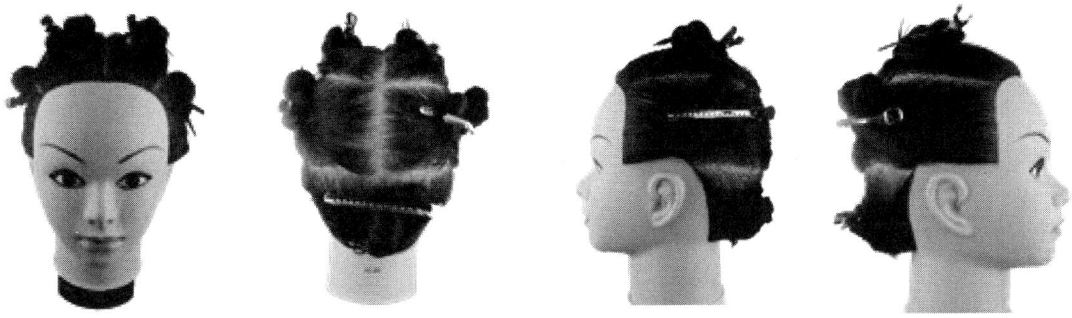

1. 센터 라인을 나누고, 양쪽 F.S.P에서 G.P까지 U라인 섹셔닝 한다. E-B-E.L 수평 섹셔닝 한다. 크래스트를 중심으로 인테리어와 엑스테리어로 두상을 3등분 하는데, 모량에 따라서 수평 섹션으로 4~5등분 할 수 있다.

2. B.P에서 가이드 19cm를 설정하고, B.P로 패널의 모든 머리를 고정 디자인하여 커트 한다.

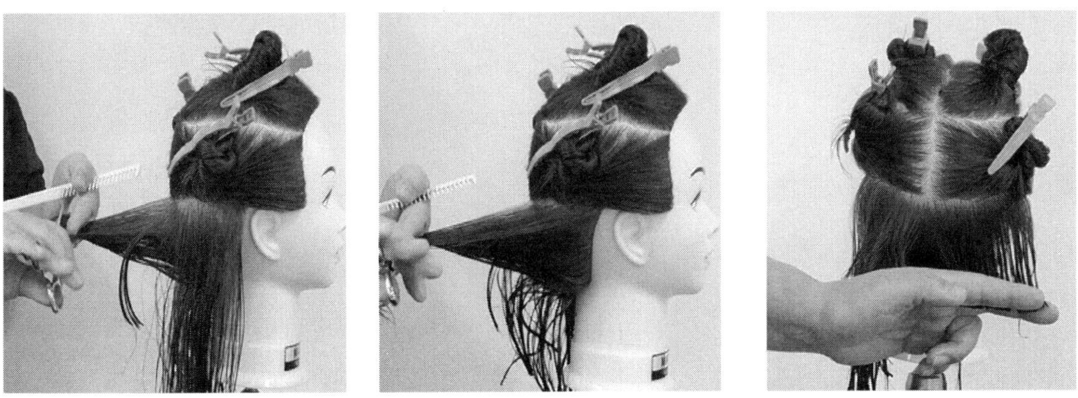

3. 언더 존 이동하면서 고정 디자인 커트한다. 후대각으로 체크 한다.

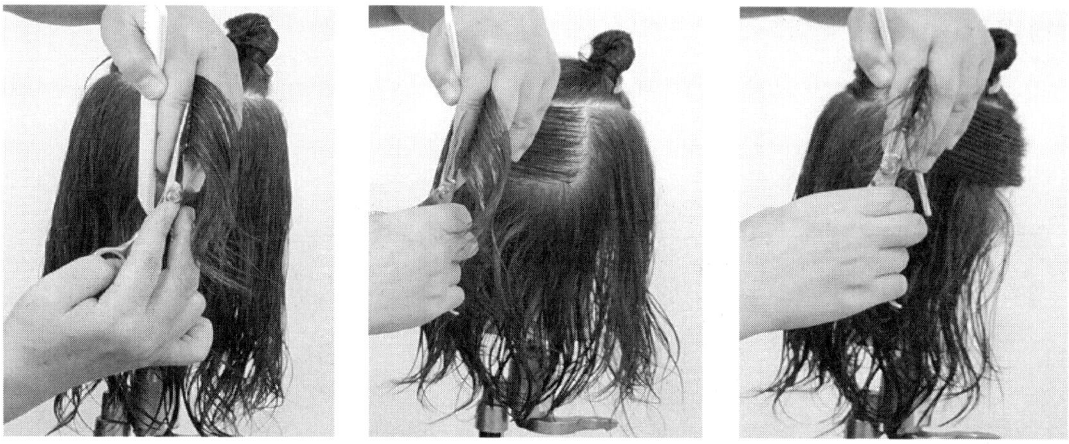

4. 미들 존의 가이드는 언더 존의 B.P에서 커트된 가이드라인에 맞춰서 미들 존 자연 시술각 90°로 전체 수직 커트한다.

5. 미들 존의 가이드는 언더 존의 B.P에서 커트된 가이드라인에 맞춰서 왼쪽 방향도 미들 존 자연 시술각 90°로 전체 수직 커트한다.

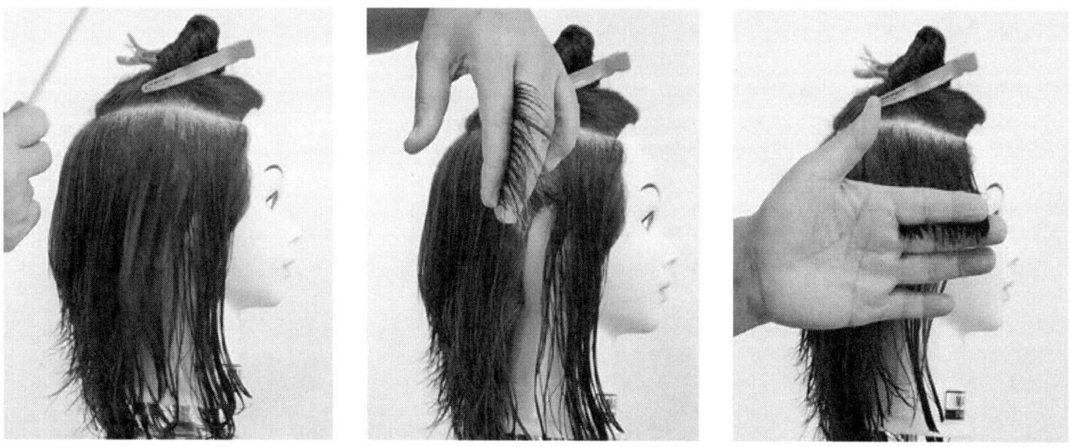

6. 우측 사이드 존의 가이드는 미들 존의 자른 가이드에 맞춰서, 자연 시술각 90°로 전체 수직 커트한다.

7. 좌측 사이드 존도 우측과 같이 미들 존의 자른 가이드에 맞춰서, 자연 시술각 90°로 전체 수직 커트한다.

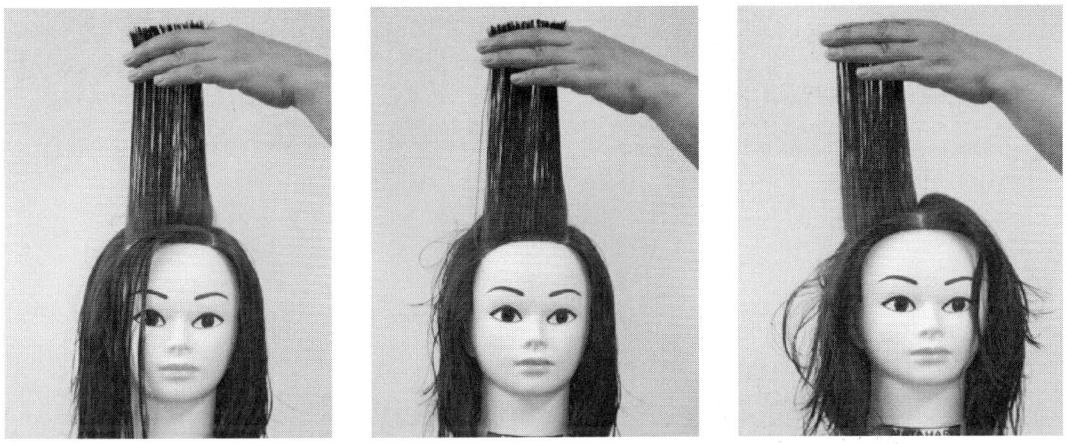

8. 두상의 곡면을 고려한 일반 시술각 90°로 이동디자인 커트하고, 프론트는 수평 섹션으로 연결 커트한다.

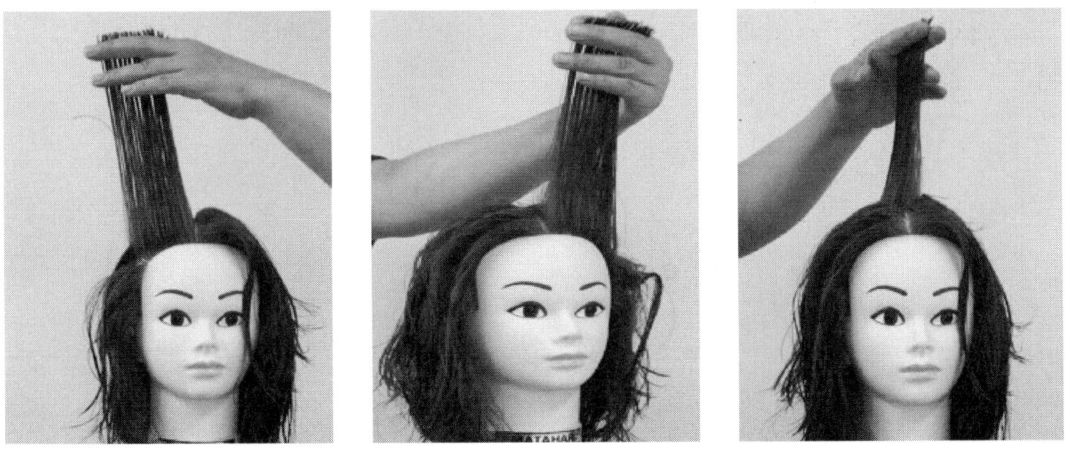

9. 프론트 3등분하여 수평으로 연결 커트하고, 수직으로 체크 커트하여 마무리한다.

학습 3. 헤어 커트 마무리하기

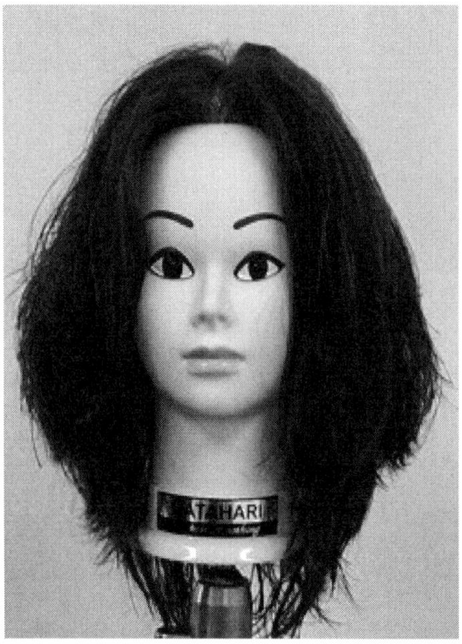

정면

후면

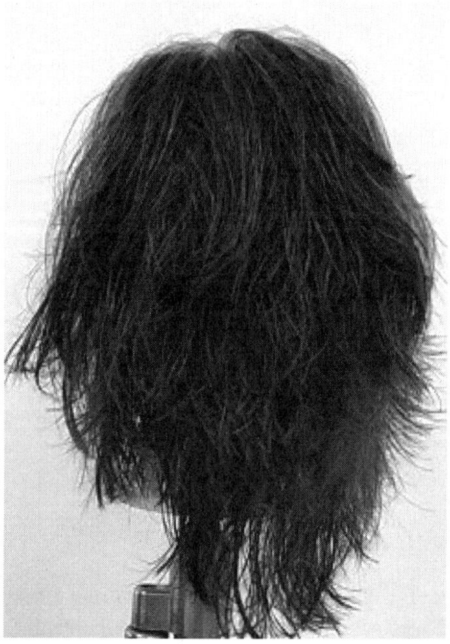

좌측면

우측면

학습 4. 헤어 커트 마무리하기(마무리 스타일링)

정면

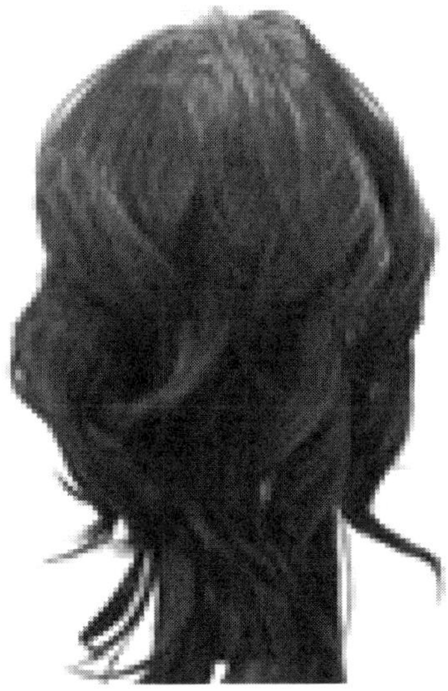
후면

좌측면

우측면

평가 1. 실습 사진을 부착하시오.

정면	후면
좌측면	우측면

평가 2. 학습 내용에 대한 장점, 단점, 느낀점을 작성하시오.

장점 • 단점	
느낀점	
교수자 피드백	

참고 문헌

커트 입문, peek-a-boo, 2014, 가미쇼보코리아.

한국형 헤어커트 기술개발연구, 하성기, 2017, 서울벤처대학원대학교 박사학위논문

헤어커트 도해도 모형 개발 및 작품제작 연구, 김정희, 2023, 서울벤처대학원대학교 박사학위논문

Cut Process, 권오혁, 2012, 지구문화.

NCS 학습모듈 기초 헤어 커트, 교육부, 2017, 한국직업능력개발원.

Scalp hair cut, 진태연외 4인, 2009, 청구문화사.

Hair Sculpture Ladies, Pivot Point, 1994, Pivot Point international.

www.google.com

www.naver.com

저자 소개

이 수 희(청암대학교 교수, 이 · 미용기능장)

김 정 희(부천대학교 겸임교수, 미용기능장)

헤어 커트 이론 및 실습

2024년 3월 5일 초판 인쇄
2024년 3월 15일 초판 발행

지은이 : 이수희, 김정희
펴낸이 : 이상태
펴낸곳 : 청구문화사
주   소 : (03706) 서울특별시 서대문구 성산로11길 15
전   화 : 02) 332-0541(代) FAX : 02) 337-9577
등   록 : 1990년 11월 2일 제9-247호

정가 20,000원

ISBN 978-89-5616-928-6 93590